音と波の力学

音と波の力学

平尾雅彦
Masahiko Hirao

岩波書店

まえがき

　私たちの暮らす世界は波動で満ちあふれている．エネルギーをもたらす太陽光，地震，海岸に打ち寄せる波，動物がコミュニケーションに用いる光と音，そして音楽がある．私たちが情報を得る媒介も波動にほかならない．その原理はさまざまな通信，医療，検査，探査の技術として利用され進化してきた．波動そのものは日常生活の中であまり意識されていないかもしれない．しかし，それらの現象を解釈し，物理を読み解くことは工学的に価値があるだけでなく，自然全体への洞察を深める意味でも有意義である．

　波動の諸現象は力学系と電磁気系に大別することができるが，この本では力学系に限定し，いわゆる連続体(気体，液体，固体)に生じる波動を主題とする．読者がニュートン力学の予備知識をもつことを前提とし，それを出発点として「音と波」の物理現象を理解することを目指す．光学的な現象は対象外であるが，ともに波動方程式に支配されることから通底する事象も多いので，要所要所でアナロジーとして例示し具体的なイメージをもつための助けとする．

　この本は大学理工系学科の高学年あるいは大学院で教科書として使用されることを想定している．技術者のこの分野への入門書としても使用できよう．次の4点を特徴とする：

(1) 多くのカリキュラムで，「振動・波動」は比較的浅く広く講義される科目であるが，それでは知識を得ることはできても本当の面白さを味わえないし，さらなる発展も期待しにくい．そこで，いくつかのテーマで少しだけ踏み込んだ説明を試みた．必要な道具は，微分方程式，漸近近似，フーリエ解析など低学年で学ぶ基本的な数学である．

(2) 熱力学・機械力学・弾性力学・流体力学を機械系カリキュラムの縦糸とすれば，「振動・波動」はひとつの横糸である．これらの領域が互いに連結していることを示すこともひとつの狙いである．その意味からも，波がもつエネルギーははずせない視点である．

(3) 力学の諸原理・法則からこつこつと論理展開してたどっていく．最終の結果だけが必要であれば公式集やハンドブックを見ればよいが，それでは面白くないし，学ぶことも少ない．
(4) 数式を多用した説明を補うために可能な限り写真や概念図，数値データで肉付けをしている．論理的な展開とこれら直感的に把握できる事例を通じて波動現象を深く解釈することにより，ニュートン力学を身近に引き寄せて実感できるだろう．

構成としては，まず，1章の「基本的事項」において波動方程式の解の性質とそれに基づく波の位相という量を述べて導入とする．2章の「離散系から連続体へ」では，離散系の振動の取り扱いを概観し，2章以降で扱う連続体における波動への橋渡しとする．3章では，「弦を伝わる波」を表現する波動方程式をニュートンの第2法則から導き，その結果に基づいて波動現象全般に共通するインピーダンスや基準モードなどの考え方を説明する．「気体中の音波」，「弾性波」「水の波」をそれぞれ4章から6章で述べる．いずれも古典力学の原理から波動方程式に至る道筋を示した後，個々の媒質の力学特性を反映した興味深い事例を記述する．波動を理解するうえで2つの重要な視点である共振・共鳴と波の分散性に関しては各章において取り上げ，詳しく説明している．付録として，少し高度な数学について補足し，弾性力学と流体力学の基礎を追加して勉学の便宜を図る．以上の内容すべてを半年15回の講義で扱うのはおそらく適切ではなく，いくつかの章に絞って講義の対象とすることも考えられる．障害物による波の回折や散乱，あるいは振動体からの音波の放射などの事項は割愛した．

本書は，大阪大学基礎工学部機械科学コースなどの3年次学生を対象とする選択科目「振動波動論」の講義資料をもとに多くを書き加えたものである．執筆においては，参考図書に示した著書からも幅広い知識を得た．準備にあたり，研究室の荻博次准教授から大切な助言と指摘を受けた．中村暢伴助教には，キーとなる実験を行うだけでなく，多くの作図をしていただいた．京都大学市坪哲准教授，湘南工科大学大谷俊博教授，大阪大学垂水竜一准教授からも貴重な示唆をいただいた．出版プロセスにおいては，岩波書店の加美山亮氏の

一方ならぬご尽力があり，数多くの適切な指摘と助言を得てこの本を仕上げることができた．深く感謝します．

　最後に，興味の尽きることがない波の世界へ導いてくださった二人の恩師，福岡秀和先生と今はなき角谷典彦先生への感謝の意を表します．

　2013 年盛夏

著　者

目　次

まえがき

1　基本的事項 ……………………………………………………… 1
　1.1　波動方程式の解　　2
　1.2　位相について　　4
　1.3　使用する用語のまとめ　　7

2　離散系から連続体へ …………………………………………… 9
　2.1　単振動　　10
　2.2　単振動のエネルギー　　12
　2.3　減衰振動　　17
　2.4　強制振動と共振　　20
　2.5　連成振動　　26
　2.6　離散系の波動　　34
　2.7　波動に共通の性質　　37
　　◆第2章の演習問題◆　　39

3　弦を伝わる波 ………………………………………………… 45
　3.1　波動方程式　　46
　3.2　波のエネルギー　　49
　3.3　反射と透過　　51
　3.4　インピーダンス整合　　56
　3.5　定在波　　60
　3.6　膜を伝わる波　　66
　　◆第3章の演習問題◆　　70

4 気体中の音波 73
  4.1 音波の方程式　74
  4.2 導波管　79
  4.3 ヘルムホルツ共鳴器　83
  4.4 水撃現象　86
  4.5 有限振幅の音波　89
  　◆第4章の演習問題◆　91

5 弾性波 97
  5.1 体積波　99
  5.2 発震メカニズム　104
  5.3 反射と屈折　106
  5.4 表面波　114
  5.5 丸棒を伝わる波　121
  5.6 薄板の共振　128
  　◆第5章の演習問題◆　130

6 水の波 137
  6.1 長波長の波　138
  6.2 静振　143
  6.3 一般の重力波　147
  6.4 表面張力―重力波　152
  6.5 群速度と波束　157
  6.6 水の波のエネルギー　163
  6.7 航跡波　166
  　◆第6章の演習問題◆　170

付録A　数学の補足 175
  A.1 微分演算子　175
  A.2 テイラー展開　177
  A.3 非線型振動と楕円積分　178

 A.4　ベッセル関数　181

付録B　弾性力学の基礎式 ……………………………………… 182
 B.1　応力とひずみ　182
 B.2　平衡方程式　184
 B.3　一般化されたフックの法則　185

付録C　流体力学の基礎式 ……………………………………… 187
 C.1　連続の式(質量の保存)　187
 C.2　運動方程式(運動量の保存)　188
 C.3　理想気体の状態方程式　189
 C.4　渦なし流れについて　191
 C.5　拡張されたベルヌーイの定理　192

 主な参考図書　195
 索　引　197

基本的事項

　音をはじめとする振動と波動を学ぶにあたって，基本中の基本である波動方程式の解の性質をおさえておこう．波動方程式は，電磁波・光を含め多くの波動現象を支配する．2章以降のさまざまな媒質における波動についても，ある近似のもとで多くがこの波動方程式に帰着する．媒質の力学的な特性は，波動方程式に含まれる速度に反映されている．

　「任意の周期関数は正弦関数の和で表すことができる」というフーリエの原理によれば，波動方程式の解も一般に正弦波の重ね合わせで表現できる．そのようなひとつの正弦波の成分は，変動の速さ（周波数），強さ（振幅），そしてタイミング（位相）によって特徴づけられる．この位相は波の干渉などに関わる重要な概念であるので少し詳しく説明する．最後に，振動・波動の諸現象を記述するのに用いる用語と記号を整理しておく．

【キーワード】

波動方程式　wave equation
正弦波　sinusoidal wave
調和波　harmonic wave
位相　phase
位相速度　phase velocity
平面波　plane wave
球面波　spherical wave
干渉　interference
ヤングの干渉実験　Young's interference experiment
構造色　structure color

1.1 波動方程式の解

2階の線型偏微分方程式

$$\frac{\partial^2 u}{\partial t^2} = c^2 \frac{\partial^2 u}{\partial x^2} \tag{1.1}$$

は，多くの波動現象を表現することから（古典的な）波動方程式とよばれる．時間を t，空間座標を x としている．u は，任意の変動する物理量である．右辺の c は正の定数である．x 軸方向に無限に長い場合の u の一般解を求めよう．変数変換 $x-ct=\xi$，$x+ct=\eta$ を行うと，

$$\frac{\partial}{\partial x} = \frac{\partial}{\partial \xi} + \frac{\partial}{\partial \eta}, \qquad \frac{\partial}{\partial t} = -c\left(\frac{\partial}{\partial \xi} - \frac{\partial}{\partial \eta}\right)$$

$$\frac{\partial^2}{\partial x^2} = \frac{\partial^2}{\partial \xi^2} + 2\frac{\partial^2}{\partial \xi \partial \eta} + \frac{\partial^2}{\partial \eta^2}, \qquad \frac{\partial^2}{\partial t^2} = c^2\left(\frac{\partial^2}{\partial \xi^2} - 2\frac{\partial^2}{\partial \xi \partial \eta} + \frac{\partial^2}{\partial \eta^2}\right)$$

となるので，変換後の波動方程式は

$$\frac{\partial^2 u}{\partial \xi \partial \eta} = 0 \tag{1.2}$$

になる．この方程式は，$u=f(\xi)+g(\eta)$ と簡単に積分することができる．f と g は任意の関数である．もとの独立変数にもどせば，一般解として

$$u = f(x-ct) + g(x+ct) \tag{1.3}$$

が得られる．この解が，それぞれ式(1.1)を満たしていることを確認するのは容易である．

　これらの解が波の伝播を表し，c がその伝播速度であることは以下のように考えればわかる．ある時刻 t において $f(x-ct)$ の値をもつ u は，Δt 後には $c\Delta t$ の増加に伴ってもとの位置から移動している．つまり，$f(x-ct)=f(x+\Delta x-c(t+\Delta t))$ により同じ値を $\Delta x=c\Delta t$ だけ離れた位置に見出すことができる（図1.1）．$c>0$ であるので，x の正の方向に $\Delta x=c\Delta t$ だけ伝播したことを示している．これは波動とみなすことができ，x の正の方向に伝わるので $f(x-ct)$ を前進波，また $g(x+ct)$ を後退波という．どちらの場合も，$c=\Delta x/$

1.1 波動方程式の解

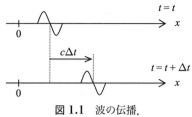

図 1.1 波の伝播.

Δt は波の伝播速度を与えている．式(1.1)において c が速さの次元を持つことは明らかである．

重要なことは，u の変動が形を変えずに，一定の速さで移動することである．波動方程式に従うこのような波動を非分散性波動という．一方，波動方程式に従わず伝播速度が振動数(あるいは波数)に依存する場合が分散性波動である．複数のフーリエ成分から構成される波形を考えると，各成分が異なった速度で伝播するので，伝播とともに波形が崩れていく．

波動方程式に支配される物理量 u は，空間座標としては x のみに依存するので，x 軸に垂直な面内では一様である．このような波を平面波という．平面波の場合，その伝播をつかさどる $(x-ct)$ の組み合わせが位相である．時間 t と空間座標 x の比が重要であるので，$(ct-x)$ でも同じ意味であるし，角振動数 ω と波数 k を用いて，$(kx-\omega t)$ あるいは $(\omega t-kx)$ と表されることもある $(c=\omega/k)$．この位相が伝わる速度という意味から式(1.1)の c を位相速度という．また，ただひとつの振動数をもつ波動を正弦波あるいは調和波という．振幅を A とすれば $u(x,t)=A\cos(kx-\omega t)$ となるが，計算上の便宜のため，これを複素数の $u(x,t)=A\exp[i(kx-\omega t)]$ で表現することもある．必要に応じて実部をとって考えればよい．さらに，位相は座標の原点 $(t=0, x=0)$ の選び方に依存するので，この任意性を初期位相 ϕ_0 に含めて $u(x,t)=A\exp[i(kx-\omega t+\phi_0)]$ とすることもある．

同じ 1 次元波動でも点波源(あるいは十分小さい波源)から発生し，自由空間を全方向に同じ速度と振幅で伝わる波の場合は球面波という．u は波源からの距離 r だけに依存する．これを表現する波動方程式は，球対称であるので付録 A.1 の式(A.7)で θ と ϕ による偏微分を零として

$$\frac{\partial^2 u}{\partial t^2} = c^2 \Delta u = c^2 \frac{1}{r^2} \frac{\partial}{\partial r}\left(r^2 \frac{\partial u}{\partial r}\right) \tag{1.4}$$

となる．解として，$u=U(r)/r$ とおいてみる．中心からの距離とともに弱くなるだろうとの予測である．代入すると，$U(r)$ は

$$\frac{\partial^2 U}{\partial t^2} = c^2 \frac{\partial^2 U}{\partial r^2} \tag{1.5}$$

のように平面波と同じ波動方程式に従うことがわかる．よって，u の解は

$$u(r,t) = \frac{f(r-ct)}{r} + \frac{g(r+ct)}{r} \tag{1.6}$$

と導かれる．1つ目の解は，点波源から膨張していく球面波であり，確かに r に比例して減衰していく．このように波面が拡がることによってその強度が弱くなることを幾何学的減衰という．波のエネルギーが振幅の2乗に比例すること(☞§3.2)，球の面積が $4\pi r^2$ であることを考えると，この結果はエネルギーが保存されることを意味している(☞例題3.3)．式(1.6)の2つ目の解は，球面上の波源から同時に発生した波面が1点に向かって収縮していく爆縮に対応している．理論的には球の中心で無限大の強さになる．

1.2 位相について

ある物理量 u の時間と空間に対する変化が，ひとつの周波数をもつ前進正弦波 $u=A\exp[i(kx-\omega t+\phi_0)]$ で表されるとする．この $\phi=kx-\omega t+\phi_0=k(x-ct)+\phi_0$ が位相であり，この周波数成分の波・信号の伝播を担うという重要な役割を持っている．位相は距離と時間に比例して変化し，その比例定数が波数 k と角振動数 ω である．ある位置でこの波を観察すると，u は時間とともに正弦的に変化し，その繰り返しの頻度が周波数(あるいは振動数)である．時間を止めて考えると，単位長さに波長がいくつ入っているかによって波数(次元：1/長さ)が与えられる(図1.2)．

複数の波が共存するとき，各周波数成分がもつ位相はさらに重要である．位相差のために波と波の間に干渉が起こるためである．空間内で山と山，谷と谷が重なれば互いに強め合うのでプラス(正)の干渉，山と谷が重なって打ち消し

1.2 位相について

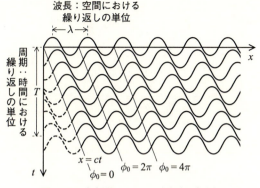

図 **1.2** 時空間における正弦波の伝播.

合えばマイナス(負)の干渉である.

　干渉が決定的な役割を果たしたのが1801〜03年のヤング(Thomas Young)による実験である.これによって光が波動性をもつことが実証された.波でなければ,位相の概念は当てはまらない.図1.3のように2つの近接した狭いスリットを通った単色光は,十分離れた($D \gg d$)スクリーン上に干渉縞の模様を作る.2つのスリットを新たな光源とし,両者の明るさが等しいと仮定すれば,異なる経路を経てスクリーン上の1点に到達する光は,それぞれ次のように書ける:

$$u_1(x_1,t) = A\exp[i(kx_1-\omega t)],$$
$$u_2(x_2,t) = A\exp[i(kx_2-\omega t)]. \tag{1.7}$$

振幅を A とした.観測される光の強度は $I=|u_1+u_2|^2$ であるので,この点で合成された光の強度 I は,

$$I = 2A^2[1+\cos k(x_2-x_1)] = 2A^2(1+\cos\Delta\phi) = 4A^2\cos\frac{\Delta\phi}{2} \tag{1.8}$$

となる.$\Delta\phi = k(x_2-x_1) = \frac{2\pi}{\lambda}(x_2-x_1) = \frac{2\pi d}{\lambda}\sin\theta$ は,2つのスリットからの光路差に由来する位相差である.明るさは I に比例するから,$\Delta\phi$ が π の偶数倍の位置で「明」,奇数倍の位置で「暗」となる.つまり,整数 m を用いて

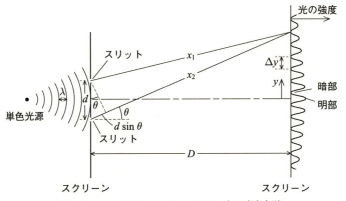

図 1.3 2つのスリットによるヤングの干渉実験.

明部(同位相)： $d\sin\theta = m\lambda$

暗部(逆位相)： $d\sin\theta = (m+\dfrac{1}{2})\lambda$

となる．$D \gg d$ より $\cos\dfrac{\Delta\phi}{2} \fallingdotseq \cos\left(\dfrac{\pi d}{\lambda}\dfrac{y}{D}\right)$ であるので，明暗の縞は $\Delta y = \lambda D/d$ で等間隔となる．この関係を用いて，波長 λ を知ることもできる．同じ原理で，たとえば2つのスピーカーを5mだけ離し，両方から波長30cmの連続音を発生するとする．そこから100m離れた直線上を歩いて行くと，$\Delta y = \lambda D/d = 0.3 \times 100 \div 5 = 6$ m 毎に音の強さが変化するはずである．

　この歴史的な実験以外にも，ニュートンリング(☞例題3.5)やブラッグの回折条件[*1] $2a\sin\theta = m\lambda$ など干渉によって説明できる波動現象は多い．また，CDやDVDでは表面に刻まれた微細な渦巻き型の溝にデジタル情報を記録している．この溝が回折格子と同じ役割をし，干渉のため特定の色が強調されて見える．この微細な構造に由来する色を構造色という．タマムシ，モルフォ蝶，カワセミ，熱帯魚など数多くの生物もこの構造色をもつ．微視的な規則構造の間隔に一致した波長の光だけが，同位相で重複した結果である．われわれが見ている色は，普通は物質が吸収した光と補色関係にある光である．青色

[*1] 結晶格子など周期構造を持つ物質にX線を照射したとき，この条件を満たす場合に各原子による微弱な散乱波が同位相で重畳し，強め合って反射波(ブラッグ反射)が観測される(m: 正の整数, λ: X線の波長, a: 格子面間隔, θ: 入射角の補角)．

の波長を吸収する物質は，黄色に見える．物質が変質すればその色も変化するが，構造色の場合その構造が保たれる限りあせることはない．

1.3 使用する用語のまとめ

本書全体を通して振動・波動現象の議論や記述のために用いる用語と記号はいずれも一般的なものであるので，特別な説明を要しないが，便利のためにまとめておく．

○**基本用語とその記号**

振幅(amplitude) A　振動・波動の強さを表す．全振れ幅の半分である．

角振動数(angular frequency) $\omega=2\pi f$　時間に対する位相変化の割合．位相 $\phi=kx-\omega t+\phi_0$ をラジアンで表したとき1秒間に変化する角度 [rad/s]．

振動数または周波数(frequency) $f=\omega/2\pi$　1秒間の振動の回数 [Hz, sec^{-1}]．

周期(period) $T=1/f=2\pi/\omega$　1サイクルの振動に要する時間 [sec]．

波数(wavenumber) $k=2\pi/\lambda=2\pi f/c$ (c は位相速度)　距離に対する位相変化の割合．単位長さあたりの波の数であれば $1/\lambda$ であるが，角振動数に関する $\omega T=2\pi$ とともに1サイクルが 2π の位相変化に対応するので，$k\lambda=2\pi$ とする [rad/m]．

波数ベクトル(wavenumber vector) $\mathbf{k}=(k_x, k_y, k_z)$　方向が伝播方向を指定し，大きさ $|\mathbf{k}|$ は伝播方向の波数 $k=2\pi/\lambda$ を示す(☞§3.6)．

波長(wavelength) $\lambda=c/f=cT$　空間における1サイクルの長さ [m]．

初期位相(initial phase) ϕ_0　座標のとり方に依存する位相の任意性を反映する [rad]．

○**波の区別**

進行波(progressive wave)　無限に広がった媒質中を有限の速さで伝わる波．

定在波(standing wave)　大きさが限定された媒質において存在し，その力学的特性・形状・大きさで決まる離散的な周波数で起こる．決まった割合の位置に節(node)と腹(antinode)をもつ．基準振動・共振モードなどの表

現も同じ意味でよく使う．

縦波(longitudinal wave)　振動方向が伝播方向と平行な波動．
横波(transverse wave)　振動(偏向)方向が伝播方向に垂直な波動．結晶など異方性の固体では，特定の伝播方向についてだけこれらの関係が成り立つ．ただし，縦波と横波の振動方向は必ず直交する．

平面波(plane wave)　伝播方向に垂直な平面(波面(wave front)という)上で同位相，つまり同じ現象が起こっているような波．
円筒波(cylindrical wave)　波面が円筒形の波．$1/\sqrt{r}$ に比例する幾何学的減衰が生じる．
球面波(spherical wave)　波面が球面状の波．$1/r$ に比例する幾何学的減衰が生じる．

○ 3つの速度

粒子速度(particle velocity)　媒質を構成する粒子が波とともに振動するときの速度．
位相速度(phase velocity) $c=\omega/k=\lambda f=\lambda/T$　1つの周波数成分の伝わる速度(☞§6.5)．
群速度(group velocity) $c_g=d\omega/dk$　波束(wave packet)とエネルギーの伝わる速度．位相速度と群速度の違いは波の分散性(dispersion)に起因する(☞§6.5)．波束＝包絡線(envelope)×搬送波(carrier wave)．

離散系から連続体へ

　波動の諸問題を議論する準備として，この章では単振動を手始めに離散的な振動系について復習をしておく．単振動は波動現象を考えるときの重要な第一歩である．たとえば，水の表面に波が起こると水の粒子は振動するが，それは上下方向と水平方向の単振動の組み合わせになっている．波によって静止状態から擾乱(じょうらん)(変化した状態)が次々と伝わっていくが，波を伝える媒質の粒子は元の位置で単振動するに過ぎない．

　単振動する系の固有振動数と波動の場合の伝播速度は，その力学系を象徴する物理量である．まず，単振動の固有振動数が慣性力と復元力を代表するパラメータの比で表現されることを簡単な振動系で調べる．減衰振動と強制振動では，エネルギー収支の観点からの理解に重点をおく．振動も波も現実には減衰を免れることはできないが，その影響を調べるのは本章だけである．最後に，無限につながった質点－ばね系の連成振動が波動として扱えることを確認して，次章以降の連続体における波動への導入とする．

【キーワード】

復元力　restoring force
フックの法則　Hooke's law
レイリー法　Rayleigh method
調和振動　harmonic oscillation
調和ポテンシャル　harmonic potential
線型近似　linear approximation
単振り子　simple pendulum
剛体振り子　rigid-body pendulum
静振(セイシュ)　seiche, sloshing
減衰振動　damped oscillation
Q 値　quality factor

強制振動　forced oscillation　　　　　基準モード　normal modes
共振・共鳴　resonance　　　　　　　　分子振動　molecular oscillation
連成振動　coupled oscillation　　　　　分散関係式　dispersion relation
自由度　degree of freedom　　　　　　遮断周波数　cut-off frequency
基準振動　normal vibration　　　　　　媒質　medium

2.1　単振動

ばねの先端に質量 m のおもりを静かに吊りさげると，おもりに働く重力とばねからの力がつりあった位置で静止する．この平衡状態での位置(平衡点)を基準に測った変位 x を，上向きを正として定義する(図 2.1)．この位置からおもりを上または下に移動させて手を離すと，平衡点にもどそうとする力，つまり復元力がばねに生じる．これによっておもりは平衡点に向けて運動し始めるが，今度は慣性力のために平衡点を通り過ぎ，逆方向に変位する．抵抗するメカニズムがない場合は，この往復運動が繰り返し続くことになる．このように，物体がある位置を中心にする周期的な運動を振動という．

ばねの復元力が変位に比例するというフック(Hooke)の法則があてはまることを前提とすれば，つまり線型ばねを仮定すれば，時々刻々変化するおもりの加速度と復元力はニュートンの第 2 法則，すなわち「質量×加速度=力」によって

$$m\frac{d^2x}{dt^2} = -kx \tag{2.1}$$

で結び付けられる．$k(>0)$ はばね定数であり，復元力は変位と逆方向にはたらくため右辺には負号がつく．

この方程式は単振動の式とよばれ，その一般解は代入すれば確認できるように

$$x = A\exp\left[i(\omega t+\phi_0)\right] = Ae^{i\phi_0}\exp(i\omega t) \tag{2.2}$$

である．あるいは，複素平面上で角速度 ω で等速円運動する点を考えて，その運動を実軸に投影すれば，つまり実部をとれば

2.1 単振動

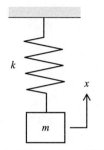

図 2.1　質量とばねの単振動.

$$x = A\cos(\omega t + \phi_0) \tag{2.3}$$

である．この円運動の角速度は単振動の角振動数に対応している．この角振動数を

$$\omega = \sqrt{\frac{k}{m}} \tag{2.4}$$

とした．A は振幅で，$Ae^{i\phi_0}$ は複素振幅である．変位 x は，$\omega t + \phi_0$ とともに周期的な変化を繰り返す．この $\omega t + \phi_0$ が位相であり，ϕ_0 を初期位相という．角振動数 ω は，位相変化の速さである．

この解で表される周期的な運動を，単振動あるいは 1 自由度の調和振動 (正弦関数で表現され，ただひとつの振動数をもつ振動のこと) という．三角関数の周期性から，位相が 2π だけ進むと元の状態にもどるが，それに要する時間 T を周期という．

$$T = \frac{2\pi}{\omega} = 2\pi\sqrt{\frac{m}{k}} \tag{2.5}$$

である．また，その逆数

$$f = \frac{1}{T} = \frac{\omega}{2\pi} \tag{2.6}$$

は，1 秒あたりの振動回数であり，振動数あるいは周波数という．単位は Hz である．A と ϕ_0 は初期条件で決まる未定定数であるが，f (あるいは ω) はおもりの質量 m とばね定数 k により決まり，この振動系に固有の値であること

から固有(角)振動数とよばれる．A や ϕ_0 とは独立な量である．これが等時性であり，ガリレオ(Galileo Galilei)が単振り子(☞例題2.1)についてこれを見出したとされている．単振動は慣性力と復元力のせめぎ合いの結果として生じる．ばね定数が大きければ，復元力も大きく，おもりは早く平衡点にもどろうとして ω は大きくなる．おもりの質量が大きいと，今の運動をそのまま継続する傾向が強くなって ω は小さくなる．

2.2 単振動のエネルギー

単振動という運動をエネルギーの視点で調べてみよう．調和振動を仮定できれば，微分方程式を解くことなくエネルギーの関係から固有角振動数を知ることもできる．運動方程式(2.1)の両辺に dx/dt をかけて t について積分すれば，

$$\frac{1}{2}m\left(\frac{dx}{dt}\right)^2 + \frac{1}{2}kx^2 = K+U = E \tag{2.7}$$

が得られる(E は積分定数)．この第1項は運動エネルギー K であり，第2項はポテンシャルエネルギー U であるから，単振動している質点については全エネルギーが保存されることを意味している(保存系)．おもりが平衡位置 $x=0$ を通過するとき，ばねは平衡長さであるので $U=0$ であり，同時に最大速度であることから $K=K_{\max}$ となる．また，最大変位 $x=\pm A$ の瞬間には運動がいったん停止し，ばねは最も大きく変形するので $K=0$ および $U=U_{\max}$ である．単振動では慣性力と復元力の間でエネルギーを分担しているが，これらの特定の位相ではいずれか一方が全エネルギーを受け持っている．つまり，

$$K_{\max} = \frac{1}{2}m\omega^2 A^2, \qquad U_{\max} = \frac{1}{2}kA^2 \tag{2.8}$$

であり，$K_{\max}=U_{\max}$ の関係から式(2.4)の $\omega=\sqrt{k/m}$ を導くことができる．固有角振動数を求めるこの方法をレイリー卿(Lord Rayleigh, John William Strutt)にちなんでレイリー法とよぶ．ω^2 は，式(2.7)における x^2 と $(dx/dt)^2$ の係数の比に一致している．例題2.1～2.3でもわかるように，このレイリー法は多くの振動系の固有角振動数を(場合によっては近似的に)求める際に有益である．以上のことから，式(2.7)の E は

$$E = \frac{1}{2}kA^2 = \frac{1}{2}m\omega^2 A^2 \tag{2.9}$$

となり，単振動の全エネルギーは振動数 ω の2乗と振幅 A の2乗に比例することがわかる．

式(2.3)の解と $\omega=\sqrt{k/m}$ を用いて，1周期にわたる運動エネルギー K とポテンシャルエネルギー U の時間平均を求めてみると，

$$\begin{aligned}\langle K \rangle &= \frac{1}{T}\int_0^T \frac{1}{2}m\left(\frac{dx}{dt}\right)^2 dt = \frac{1}{4}m\omega^2 A^2 = \frac{1}{4}kA^2 \\ \langle U \rangle &= \frac{1}{T}\int_0^T \frac{1}{2}kx^2 dt = \frac{1}{4}kA^2\end{aligned} \tag{2.10}$$

となって，$\langle K \rangle = \langle U \rangle$ が成り立つ．両者の時間平均は等しく，それぞれ全エネルギーの半分である．

運動方程式(2.1)の復元力を $F(x)$ とすれば，$F(x)$ とポテンシャルエネルギー $U(x)$ の間には

$$F(x) = -kx = -\frac{dU(x)}{dx} \tag{2.11}$$

の関係がある．つまり，$F(x)$ の大きさは $U(x)$ の傾きに比例し，$U(x)$ が減少する方向に作用する．単振動のように，変位 x の2次関数で表現できるポテンシャルは調和ポテンシャルとよばれ，これに支配される振動が調和振動である．すべての振動系が調和ポテンシャルをもつわけではないが，例題2.1でも見るようにこの2次の項が支配的であり，これだけで表現できることが多い（放物線近似）．単振動は決して特殊な運動ではなく，一般のポテンシャルの中で生じる普遍的なもので，多くの物理現象の基礎をなしている．ただし，例外もあり，演習問題2.4の振動ではポテンシャルが変位 x の4乗で表される．

例題 2.1　単振り子　図2.2の単振り子に対する運動方程式から固有角振動数を求めよう．おもりの質量を m，ひもの長さを l とする．おもりを質点とみなし，ひもの質量は無視できるとする．また，レイリー法でも求めてみよう．

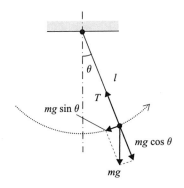

図 2.2 単振り子.

振れ角を θ とすると，おもりの位置を平衡点から円弧に沿って測れば $l\theta$ であり，この方向の加速度は $l d^2\theta/dt^2$ である．一方，周方向にはたらく力は，重力 mg の分力の $-mg\sin\theta$ になるので，ニュートンの第 2 法則により，

$$\frac{d^2\theta}{dt^2} = -\frac{g}{l}\sin\theta \tag{2.12}$$

が導かれる．ひもにはたらく張力 T は，この方向の重力の分力 $mg\cos\theta$ と遠心力の和とつりあっている．上式で角度 θ が十分小さい微小振動を仮定してテイラー展開(☞付録 A.2)の 2 次以上の項を無視すれば(線型近似)，$\sin\theta \fallingdotseq \theta$ となるので単振動の式(2.1)に帰着する．結局，固有角振動数は $\omega = \sqrt{g/l}$ となる．

次に，レイリー法のために運動エネルギー K とポテンシャルエネルギー U を求めよう．平衡点を基準としたときのおもりの位置エネルギーがポテンシャルエネルギーに相当するから，式(2.7)に対応して

$$\begin{aligned}K+U &= \frac{1}{2}ml^2\left(\frac{d\theta}{dt}\right)^2 + mgl(1-\cos\theta) \\ &\fallingdotseq \frac{1}{2}ml^2\left(\frac{d\theta}{dt}\right)^2 + \frac{1}{2}mgl\theta^2 = E\end{aligned} \tag{2.13}$$

が得られる．ここでもテイラー展開を用いると，U は θ の 2 次の項だけで表現される調和ポテンシャルになる．このとき調和振動を仮定で

き，$K_{\max}=U_{\max}$ の関係から θ^2 と $(d\theta/dt)^2$ の係数の比として $\omega=\sqrt{g/l}$ が求められる．このように，単振り子のポテンシャルは2次以上のベキを含む点で単振動より複雑であるが，微小振動に限定すれば単振動と同様に扱うことができる．微小振動を仮定できない単振り子の固有角振動数は，式(2.13)の近似をする前の式をもとにして楕円積分によって表現される(☞付録 A.3)．振り子の等時性は，厳密には微小振動に限って成り立ち，振幅が大きいほど周期は長くなる．

例題 2.2 剛体振り子 人が普通に歩くとき，右腕と左脚が同位相でそれぞれ左腕・右脚とは逆位相で振動しており，両腕と両脚の調子がうまく合うと楽に歩けるように思われる．腕を円柱形の剛体振り子とみなした場合の固有角振動数を求めよう．微小振動を仮定する．

解 腕の長さを l，半径を a，質量を m とする．上端(肩)を回転中心としたときの腕の慣性モーメントは，$I=m(a^2/4+l^2/3)$ である．振れ角を θ とすれば，エネルギーの保存則は

$$K+U = \frac{1}{2}I\left(\frac{d\theta}{dt}\right)^2 + \frac{1}{4}mgl\theta^2 = E \tag{2.14}$$

であるので，固有角振動数は

$$\omega^2 = \frac{gl}{a^2/2+2l^2/3} \tag{2.15}$$

で与えられる．単振り子と同じく，質量に依存しない．試みに $l=50$ cm と $a=4$ cm を代入すると $\omega \fallingdotseq 5.41\,\text{sec}^{-1}$，つまり周期は $T \fallingdotseq 1.16$ sec になる．

例題 2.3 静振 図 2.3 のように水平に置かれた浅い水槽があり，この中で水が左右にゆっくりと微小振動するときの固有角振動数をレイリー法によって求めよう(静振については☞§6.2)．

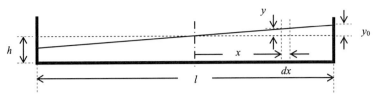

図 2.3 浅い水槽での静振.

水槽の中央に原点をとり，そこから距離 x の位置での水面の上昇を y とする．レイリー法を適用するには，振動する水面の形を仮定する必要がある．ここでは，簡単のために水面が平面を保ったまま傾いて振動していると仮定してみよう．両端での最高水位を y_0，水槽の奥行きを b とする．$l \gg h \gg y_0$ の関係があり，水はほぼ水平に運動している．

まずポテンシャルエネルギー U は，位置 x での水位が $y=2y_0 x/l$ であることから，体積 $bydx$ の微小部分の重心が $y/2$ だけ上昇あるいは下降したことに対応して

$$U = \int_{-l/2}^{l/2} bydx \cdot \rho g \cdot \frac{y}{2} = \frac{1}{6}\rho gbly_0{}^2 \tag{2.16}$$

となる．密度を ρ とした．

つぎに，位置 x での水平方向の速度を v，$x+dx$ で $v+dv$ とする．質量の保存から，2 つの断面に流入出する水の体積差が水面上昇をもたらすことは，$h \gg y_0$ の関係により

$$-(v+dv)bh+vbh \fallingdotseq bdx\left(\frac{dy}{dt}\right) \tag{2.17}$$

とできる．ここから得られる $dv/dx=-(dy/dt)/h$ を積分し，$x=l/2$ で $v=0$ の境界条件を使えば，

$$v(x) = \frac{1}{h}\left(\frac{dy_0}{dt}\right)\left(\frac{l}{4}-\frac{x^2}{l}\right) \tag{2.18}$$

と速度の分布が与えられる．$\rho bhdx$ の質量をもつ微小部分がこの速度で運動することから，運動エネルギー K は

2.3 減衰振動

$$K = \frac{1}{2}\int_{-l/2}^{l/2}\rho bh dx \cdot v(x)^2 = \frac{\rho b}{2h}\left(\frac{dy_0}{dt}\right)^2\int_{-l/2}^{l/2}\left(\frac{l}{4}-\frac{x^2}{l}\right)^2 dx$$
$$= \frac{1}{60}\frac{\rho b l^3}{h}\left(\frac{dy_0}{dt}\right)^2 \qquad (2.19)$$

となる．以上により，水全体のエネルギーの保存則は

$$K+U = \frac{1}{60}\frac{\rho b l^3}{h}\left(\frac{dy_0}{dt}\right)^2 + \frac{1}{6}\rho g b l {y_0}^2 = E \qquad (2.20)$$

と書くことができる．整理すれば

$$\left(\frac{dy_0}{dt}\right)^2 + \frac{10gh}{l^2}{y_0}^2 = 一定 \qquad (2.21)$$

になり，レイリー法によって固有角振動数 $\omega = \sqrt{10gh}/l$ が導かれた．

これは水面が振動中も平面であると仮定した場合のひとつの近似解である．波長が水深より十分長い場合の流体力学に基づく解は §6.2 で求めるように $\omega = \pi\sqrt{gh}/l$ であり，このとき水面は $\sin(\pi x/l)$ で表される形状で振動する．レイリー法は，この例のように複雑な振動系の固有角振動数を近似的に求める際にも役立つ．誤差は仮定した振動形状に依存するが，今の場合 0.66% であり，その有効性が実感できる．正しい水位 $y = y_0\sin(\pi x/l)$ から出発すれば，レイリー法が厳密解を導くことを確認しておこう．

2.3 減衰振動

現実の単振動はいつまでも続くことはなく，徐々に振幅が小さくなっていずれは止まる．このような振動を減衰振動という．減衰の原因は，空気抵抗やばねの材料内で生じる内部摩擦などである．振動系がもつ力学的エネルギーはこの間に熱となって消散し，保存されることはない(非保存系)．

単振動を減衰させる作用は，運動方程式にいわゆる減衰力を含めることによって表現できる．減衰力が速度 dx/dt に比例するとし，単振動の式(2.1)にそのような減衰項を加えた

$$\frac{d^2x}{dt^2}+2\gamma\frac{dx}{dt}+\omega_0{}^2 x = 0 \tag{2.22}$$

の解を見てみよう．$2\gamma(>0)$ は単位質量あたりの減衰力の大きさを表す減衰係数，$\omega_0=\sqrt{k/m}$ は減衰がない場合の固有角振動数である．

標準的な解き方として，$x=e^{pt}$ の形を仮定して式(2.22)に代入すると，定数 p は2次方程式の根として

$$p = -\gamma \pm \sqrt{\gamma^2 - \omega_0{}^2} \tag{2.23}$$

と得られる．減衰が顕著で $\gamma \geqq \omega_0$ の場合，p は負の実数となり，質点は振動しないまま指数関数に従って平衡点に達する．興味があるのは，減衰がわずかで $\gamma < \omega_0$ の場合である．このとき，$p=-\gamma \pm i\sqrt{\omega_0{}^2-\gamma^2}$ のように p は複素数となり，減衰振動の解は

$$x(t) = A e^{-\gamma t}\cos(\sqrt{\omega_0{}^2-\gamma^2}\,t+\phi) \tag{2.24}$$

となる．A と ϕ は未定定数である．$Ae^{-\gamma t}$ を振幅とみなせば，変位 x の振幅は時間とともにゆるやかに減少すること，またその角振動数は減衰がない場合の ω_0 より小さいことを表している．これらが減衰の効果である．

例題 2.4　具体的な初期値問題　$t=0$ で $x=x_0$, $dx/dt=0$ の初期条件が与えられたとき，式(2.22)に従う質点の運動を求めてみよう．

解　一般解(2.24)に含まれる A と ϕ をこの初期条件から決めればよい．代入すれば，

$$\begin{aligned}x_0 &= A\cos\phi \\ 0 &= \gamma\cos\phi+\sqrt{\omega_0{}^2-\gamma^2}\sin\phi\end{aligned} \tag{2.25}$$

となる．これより，

$$A = \frac{\omega_0 x_0}{\sqrt{\omega_0^2 - \gamma^2}}$$
$$\tan \phi = -\frac{\gamma}{\sqrt{\omega_0^2 - \gamma^2}} \quad (2.26)$$

と決まるので最終的な解として

$$x(t) = x_0 e^{-\gamma t}(\cos \sqrt{\omega_0^2 - \gamma^2} t + \frac{\gamma}{\sqrt{\omega_0^2 - \gamma^2}} \sin \sqrt{\omega_0^2 - \gamma^2} t) \quad (2.27)$$

が導かれる．この減衰振動の様子を図 2.4 に示す．

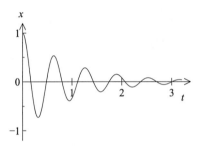

図 2.4 減衰振動の一例 ($x_0 = 1$, $\omega_0 = 10$, $\gamma = 1$ の場合)．

例題 2.5 エネルギーの散逸　減衰振動が式 (2.24) に従うとき，系の力学的エネルギーがどのように散逸していくかを調べよう．

解　運動エネルギーとポテンシャルエネルギーの和は

$$E(t) = \frac{1}{2} m \left(\frac{dx}{dt}\right)^2 + \frac{1}{2} k x^2 \quad (2.28)$$

であるが，減衰振動では $E(t)$ は時間とともに減少するはずである．式 (2.24) を代入し，$\gamma \ll \omega_0$ として微小量を無視すれば，

$$E(t) \simeq \frac{1}{2} m \omega_0^2 A^2 e^{-2\gamma t} \sin^2(\omega_0 t + \phi) + \frac{1}{2} k A^2 e^{-2\gamma t} \cos^2(\omega_0 t + \phi)$$
$$= \frac{1}{2} k A^2 e^{-2\gamma t} \quad (2.29)$$

と近似できる．この結果，全エネルギーも指数関数的に，変位 x より 2

倍早く減少することがわかる．また，2γの値は，エネルギーが$1/e$に減少するのに要する時間の逆数に相当する．

2.4 強制振動と共振

前節では，減衰振動の一般解(2.24)を$x=e^{pt}$とおいて導出したが，$\gamma<\omega_0$のときこのpを

$$p = -\gamma \pm i\sqrt{\omega_0{}^2-\gamma^2} = i(\pm\sqrt{\omega_0{}^2-\gamma^2}+i\gamma) = i\tilde{p} \tag{2.30}$$

と書き直すことができる．$\tilde{p}$は複素角振動数とでもよべる量で，その実部は本来の角振動数(弾性パラメータ)，虚部は減衰係数(吸収パラメータ)である．式(2.22)に帰着する多くの振動計測・診断の問題では，減衰振動を特性づけるこの2つのパラメータを求める必要がある．そのために外部から振動系を加振して，その応答を観察する方法がとられる．一方，自動車のサスペンションや地震計などの工学的な振動問題では，適切な減衰機構を組み込んで質点mの振動を抑えることが要求される．以上のような場合に考えるべき運動方程式は，角振動数ωではたらく周期的な外力を含む

$$\frac{d^2x}{dt^2}+2\gamma\frac{dx}{dt}+\omega_0{}^2x = f_0 e^{i\omega t} \tag{2.31}$$

である．f_0を単位質量あたりの外力の大きさとする．加振は必ずしも周期的ではないが，フーリエ変換によれば，パルス的な外力であっても三角関数の組み合わせで表現できるのでこの方程式は一般性を欠いていない．ただし，線型の問題に限る．

式(2.31)は非同次微分方程式であり，一般解は，式(2.24)の同次解と，特解からなる．つまり，角振動数が$\sqrt{\omega_0{}^2-\gamma^2}$と$\omega$の2つの振動の重ね合わせになるが，角振動数が$\sqrt{\omega_0{}^2-\gamma^2}$の振動(自由振動)は式(2.24)のようにいずれは減衰していくので，定常解に相当する特解(強制振動)だけを調べることにする．演習問題2.3で一般的な取り扱いの一例を示す．

強制振動では質点は外力に追従して同じ角振動数で振動するが，位相は遅れるであろうと予測して，

$$x = Ae^{i(\omega t - \delta)} \tag{2.32}$$

を式 (2.31) の特解として考えてみる．代入して得られる実部と虚部から，それぞれ

$$\begin{aligned} (\omega_0{}^2 - \omega^2)A &= f_0 \cos \delta \\ 2\gamma \omega A &= f_0 \sin \delta \end{aligned} \tag{2.33}$$

の関係があることがわかる．したがって，強制振動の振幅と位相遅れ $\delta(>0)$ は，ω の関数として

$$\begin{aligned} A(\omega) &= \frac{f_0}{\sqrt{(\omega_0{}^2 - \omega^2)^2 + 4\gamma^2 \omega^2}} \\ \delta(\omega) &= \arctan \frac{2\gamma \omega}{\omega_0{}^2 - \omega^2} \end{aligned} \tag{2.34}$$

となる．$A(\omega)$ は f_0 に，$\tan \delta(\omega)$ は γ にそれぞれ比例するが，ω への依存性は単純ではない (図 2.5 (a) (b))．

式 (2.32) に代入して実部をとれば，次式が得られる：

$$x(t) = \frac{f_0}{\sqrt{(\omega_0{}^2 - \omega^2)^2 + 4\gamma^2 \omega^2}} \cos(\omega t - \delta) \tag{2.35}$$

式 (2.35) について，特徴的な 3 つの角振動数 ω での強制振動を見ると以下のようになる．

(i) $\omega \ll \omega_0$ の場合　式 (2.35) は

$$x(t) \fallingdotseq \frac{f_0}{\omega_0{}^2} \cos \omega t = \frac{m f_0}{k} \cos \omega t \tag{2.36}$$

のように近似できる．すなわち，外力とほぼ同位相で振動する．このとき，振幅は静荷重 $m f_0$ に対する変位 $(m f_0 / k)$ となり，ω とは独立である．この結果は，ゆるやかな加振であるために慣性力がほとんど寄与せず，復元力が支配的であることを示している．

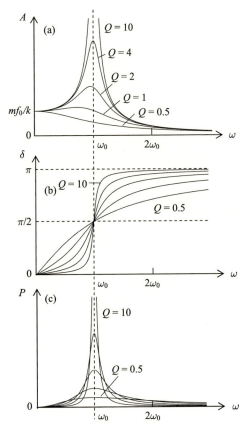

図 2.5 (a)振幅 A, (b)位相遅れ δ, および(c)吸収エネルギー P の ω 依存性. Q は Q 値[*1] ($Q = \dfrac{\omega_0}{2\gamma}$) を示す.

(ii) $\omega \to \omega_0$ の場合 γ の値にかかわらず $\delta \to \pi/2$ であり,

$$x(t) \fallingdotseq \frac{f_0}{2\gamma\omega_0} \sin\omega_0 t, \qquad \frac{dx(t)}{dt} \fallingdotseq \frac{f_0}{2\gamma} \cos\omega_0 t \tag{2.37}$$

となるので, 速度が外力と同位相である. 移動する方向に外力がはたらくので振幅はほぼ最大となる. 最大振幅は式(2.35)の平方根を最小にする

[*1] 共振の鋭さを表す無次元量であり, 1周期の間に散逸するエネルギーと系が持つ全エネルギーの比に相当する.

2.4 強制振動と共振

$\omega=\sqrt{\omega_0{}^2-2\gamma^2}$ で生じる．したがって，ω_0 より小さいが，$Q=\dfrac{\omega_0}{2\gamma}$ が非常に小さい場合を除けばその差異は無視してよいことが多く，振動系の固有角振動数で外力が加わったときに最大の応答が観察されると考えてよい．この状態を共振あるいは共鳴という．また，図 2.5(a) に示すように振幅の外力の角振動数 ω への依存性を表す曲線 $A(\omega)$ は，固有角振動数 ω_0 付近にピークをもつ．これを共振曲線とよぶ．γ が小さいほど (Q が大きいほど) $A(\omega)$ のピークは鋭くなり，$\gamma \to 0$ で無限大となる．同時に図 2.5(b) に示すように，δ はより急激に変化する．

(iii) $\omega \gg \omega_0$ の場合　δ は π に近づく．(i) とは逆に慣性力が支配的な状態であるが，外力とほぼ逆位相であるため振幅は小さい．式 (2.35) は

$$x(t) \fallingdotseq -\frac{f_0}{\omega^2}\cos\omega t \tag{2.38}$$

となるので，振幅は ω^2 とともに減少する．

例題 2.6　エネルギー吸収　減衰メカニズムを有する振動系が式 (2.35) のように定常運動を維持できるのは，外力がエネルギーを供給しているからである．単位時間あたりに供給されるエネルギーを求めてみよう．

解　仕事は 力×距離 であるから，単位時間内に外力は 力×速度 の仕事をする．これをエネルギーとして振動系に供給していると考えられる．このエネルギー量は，単位質量あたりの外力が $f(t)=f_0\cos\omega t$ であることから，式 (2.35) を用いれば単位時間あたり以下のように計算できる．

$$\begin{aligned}
P(\omega) &= \frac{1}{T}\int_0^T mf(t)\frac{dx}{dt}dt \\
&= -\frac{1}{T}\int_0^T \frac{mf_0{}^2\omega}{\sqrt{(\omega_0{}^2-\omega^2)^2+4\gamma^2\omega^2}}\cos\omega t\sin(\omega t-\delta)dt \\
&= \frac{mf_0{}^2\omega}{\sqrt{(\omega_0{}^2-\omega^2)^2+4\gamma^2\omega^2}}\cdot\frac{1}{2}\sin\delta \\
&= \frac{m\gamma f_0{}^2\omega^2}{(\omega_0{}^2-\omega^2)^2+4\gamma^2\omega^2}
\end{aligned} \tag{2.39}$$

この最後のところで，式(2.34)の第2式から導かれる

$$\sin\delta = \frac{2\gamma\omega}{\sqrt{(\omega_0^2-\omega^2)^2+4\gamma^2\omega^2}} \tag{2.40}$$

を用いた．したがって，エネルギー吸収 $P(\omega)$ は，振幅 x とは異なり，厳密に $\omega=\omega_0$ で最大値 $\dfrac{mf_0^2}{4\gamma}$ をとる．その ω 依存性を図 2.5(c) に示すが，$\omega=\omega_0$ を中心軸とするほぼ左右対称のピークである．

例題 2.7 消費エネルギー 例題 2.6 と同じ振動系が単位時間あたりに消費するエネルギーを調べ，式(2.39)の $P(\omega)$ と比較してみよう．

解 減衰メカニズムがもたらす抵抗，つまり減衰力は $2m\gamma(dx/dt)$ であるから，この力が単位時間内にする仕事は例題 2.6 と同様の計算によって

$$\begin{aligned}
P'(\omega) &= \frac{1}{T}\int_0^T 2m\gamma\left(\frac{dx}{dt}\right)^2 dt \\
&= -\frac{1}{T}\int_0^T \frac{2m\gamma f_0^2\omega^2}{(\omega_0^2-\omega^2)^2+4\gamma^2\omega^2}\sin^2(\omega t-\delta)dt \\
&= \frac{2m\gamma f_0^2\omega^2}{(\omega_0^2-\omega^2)^2+4\gamma^2\omega^2}\cdot\frac{1}{2} \\
&= \frac{m\gamma f_0^2\omega^2}{(\omega_0^2-\omega^2)^2+4\gamma^2\omega^2}
\end{aligned} \tag{2.41}$$

となる．つまり，$P(\omega)=P'(\omega)$ であり，供給されるエネルギーと同量のエネルギーを消費していることが確認できる．

例題 2.8 地震計 地震計など振動計の概略を図 2.6 に示す．質量 m のおもりはばねと減衰器で支持され，これに固定したペンによって振動が記録される．振動体が鉛直方向に $u(t)=a\cos\omega t$ で振動するときのおもりの応答を調べよう．

2.4 強制振動と共振

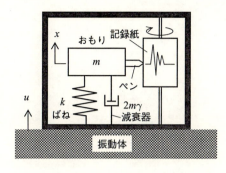

図 2.6 振動計の構造.

解 おもりの鉛直方向変位を x とすれば，ペンの位置，すなわち質量の相対変位は $x-u$ である．慣性力は $-m(d^2x/dt^2)$ であるので，運動方程式は，

$$\frac{d^2x}{dt^2}+2\gamma\frac{d(x-u)}{dt}+\omega_0^2(x-u)=0 \tag{2.42}$$

となり，さらに $y=x-u$ とおけば，

$$\frac{d^2y}{dt^2}+2\gamma\frac{dy}{dt}+\omega_0^2 y=-\frac{d^2u}{dt^2}=a\omega^2\cos\omega t \tag{2.43}$$

によって与えられる．これは，式(2.31)の外力項を $a\omega^2\cos\omega t$ で置き換えた形であるので，解は式(2.35)から

$$y(t)=\frac{a\omega^2}{\sqrt{(\omega_0^2-\omega^2)^2+4\gamma^2\omega^2}}\cos(\omega t-\delta) \tag{2.44}$$

と得られる．いくつかの Q 値に対する振幅の ω 依存性を図2.7に示す．特に，相対変位 $y(t)$ と測定すべき振動変位 $u(t)$ の関係で興味深いのは，

(i) $\omega\ll\omega_0$: $y(t)\fallingdotseq\dfrac{a\omega^2}{\omega_0^2}\cos\omega t=-\dfrac{1}{\omega_0^2}\dfrac{d^2u(t)}{dt^2}$ …加速度振動計

(ii) $\omega\to\omega_0$: $y(t)\fallingdotseq\dfrac{a\omega_0}{2\gamma}\sin\omega_0 t=-\dfrac{1}{2\gamma}\dfrac{du(t)}{dt}$ ……速度振動計

(iii) $\omega\gg\omega_0$: $y(t)\fallingdotseq-a\cos\omega t=-u(t)$ ……………変位振動計

である.これを指針として目的に応じて振動計の ω_0 と γ の 2 つのパラメータを選択することになる.すなわち,変位振動計では ω_0 を小さく,加速度振動計では大きく設定し,さらに γ を通じてそれらの適用範囲を決めることができる.変位を測定対象とする地震計には $\omega \gg \omega_0$ を選ぶ.このとき,$y(t) \fallingdotseq -u(t)$ であるので,おもりはほとんど静止し,ペンは逆位相で振動を記録する.

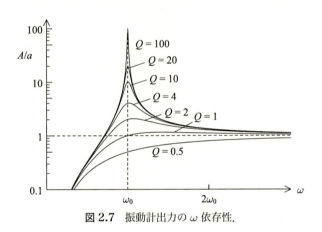

図 2.7 振動計出力の ω 依存性.

2.5 連成振動

複数の質点が互いに力を及ぼしあいながら振動するとき,これを連成振動という.その最も簡単な例として図 2.8 の 2 自由度の振動系を考えよう.2 つの質点が 3 つの同じばねで連結され,両端が固定された状態で縦振動するとする.摩擦などによる減衰は無視する.また,静止状態でばねは自然長さであるとする.

平衡位置からの質点の変位を x_1,x_2 と書く.ばねの伸びは左から順に x_1,x_2-x_1,$-x_2$ であるので,これに比例した力が各ばねに発生し,運動方程式は

2.5 連成振動

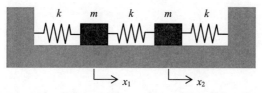

図 2.8 ばねで連結された 2 つの質点の連成振動(2 自由度).

$$m\frac{d^2x_1}{dt^2} = -kx_1 + k(x_2 - x_1)$$
$$m\frac{d^2x_2}{dt^2} = -kx_2 - k(x_2 - x_1) \tag{2.45}$$

となる．この例では，2 つの質点の振動が，各式の右辺第 2 項を通じて連成している．

§2.1 の単振動のときと同様に各質点が調和振動することを想定し，

$$x_1 = A_1 e^{i\omega t}, \qquad x_2 = A_2 e^{i\omega t} \tag{2.46}$$

の解を考える．式(2.45)に代入して共通に含まれる $e^{i\omega t}$ を消去すれば，

$$-m\omega^2 A_1 = -kA_1 + k(A_2 - A_1)$$
$$-m\omega^2 A_2 = -kA_2 - k(A_2 - A_1) \tag{2.47}$$

が得られるが，$k/m = \omega_0^2$ とすると

$$\begin{pmatrix} 2\omega_0^2 - \omega^2 & -\omega_0^2 \\ -\omega_0^2 & 2\omega_0^2 - \omega^2 \end{pmatrix} \begin{pmatrix} A_1 \\ A_2 \end{pmatrix} = 0 \tag{2.48}$$

と整理できる．$A_1 = A_2 = 0$ 以外の解が存在するためには係数行列は

$$\begin{vmatrix} 2\omega_0^2 - \omega^2 & -\omega_0^2 \\ -\omega_0^2 & 2\omega_0^2 - \omega^2 \end{vmatrix} = 0 \tag{2.49}$$

でなければならない．これを展開すると ω^2 に関する 2 次方程式となり，その根として

$$\omega^2 = \omega_0{}^2,\ 3\omega_0{}^2 \tag{2.50}$$

が求まる．これから，図 2.8 の振動系は 2 つの固有角振動数をもっていることがわかる．

2 つの根をそれぞれ式 (2.48) に代入すれば振幅 A_1 と A_2 の比が導かれる．すなわち，

(i) $\omega=\omega_0$ のとき　$A_1=A_2$ となり，2 つの質点は同位相で振動する．このとき，中央のばねは長さが変化せず，系の質量 $2m$ に対してばね定数が $2k$ の単振動と等価となる．

(ii) $\omega=\sqrt{3}\omega_0$ のとき　$A_1=-A_2$ であり，質点は互いに逆方向に振動する．中央のばねは，両側のばねの 2 倍伸縮し，併せれば各質点にばね定数 $3k$ に相当する復元力がはたらく．

これらの振動の様子を図 2.9 に示す．すべての運動は，この 2 つの単純な振動の重ね合わせで表すことができる．一般解は，式 (2.46) の実部をとり，振幅と初期位相の表記を改めると，

$$\begin{aligned}x_1 &= A\cos(\omega_0 t+\alpha)+B\cos(\sqrt{3}\omega_0 t+\beta)\\ x_2 &= A\cos(\omega_0 t+\alpha)-B\cos(\sqrt{3}\omega_0 t+\beta)\end{aligned} \tag{2.51}$$

となる．A，B，α，β は未定定数であり，やはり初期条件によって決まる．特別な初期条件を選べば，式 (2.51) の第 1 項あるいは第 2 項のいずれか一方だけを生じさせることができるが，一般には両者が重畳して生じる（☞例題 2.9）．また，式 (2.45) の両式の和と差をとれば，x_1+x_2 と x_1-x_2 がそれぞれ単振動の式に従うので，この連成振動は，異なる固有角振動数で単振動する重心と相対変位の組み合わせになっていることがわかる．

2 自由度の連成振動であるので，固有角振動数は 2 つあり，それぞれに振動様式が決まっている．この固有角振動数と振動様式の組み合わせを，基準振動，基準モードあるいは単にモードとよぶ．モードは自由度の数だけある．1 つのモードにおいて，系を構成する全質点（今は 2 つだけ）は同じ角振動数と初期位相をもって，そのモードに定まった振動様式，言い換えると互いの振幅

2.5 連成振動

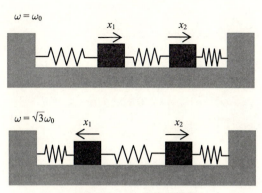

図 2.9 2つの基準振動.

比で調和振動する．その角振動数は，質量とばねの配置によって決まる系固有のものであり，離散的に存在する．エネルギーについて言えば，例題 2.10 で調べるように，モード間でエネルギーをやり取りすることはない．初期条件によって配分されたエネルギーのままである．以上のことは，より多自由度の振動や 3 章以降で考察する連続体の振動においてもあてはまる．振動のモードを考える際の重要なポイントである．

例題 2.9 連成振動の初期値問題 図 2.8 の連成振動系が，$x_1=x_2=1$ の静止状態から振動を開始したときの解を求めよう．また，$x_1=1$, $x_2=0$ ではどうか．

解 一般解 (2.51) で，$t=0$ のとき $x_1=x_2=1$ および $dx_1/dt=dx_2/dt=0$ の条件を用いると，$A=1$, $B=0$, $\alpha=0$, β：任意が導かれる．したがって，$x_1=x_2=\cos\omega_0 t$ がこの初期値問題の解であり，重心が固有角振動数 ω_0 で単振動するモードだけが生じる．

一方，$t=0$ で $x_1=1$, $x_2=0$ および $dx_1/dt=dx_2/dt=0$ の初期条件からは，$A=1/2$, $B=1/2$, $\alpha=\beta=0$ となる．一般解 (2.51) から

$$x_1 = \frac{1}{2}(\cos\omega_0 t + \cos\sqrt{3}\omega_0 t)$$
$$x_2 = \frac{1}{2}(\cos\omega_0 t - \cos\sqrt{3}\omega_0 t) \qquad (2.52)$$

となり，2つのモードが同じ振幅で重なった連成振動になる．図 2.10 にこの振動の様子を示す．

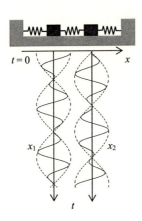

図 2.10 連成振動の一例 ($x_1 = 1$, $x_2 = 0$, $dx_1/dt = dx_2/dt = 0$ の初期条件).

例題 2.10 連成振動のエネルギー 図 2.8 の連成振動系のエネルギーは，各モードがもつエネルギーの和になっていることを確認しよう．

解 運動エネルギーは，一般解 (2.51) を用いて

$$\begin{aligned}K &= \frac{1}{2}m\left(\frac{dx_1}{dt}\right)^2 + \frac{1}{2}m\left(\frac{dx_2}{dt}\right)^2 \\ &= m\left[A^2\omega_0^2\sin^2(\omega_0 t + \alpha) + 3B^2\omega_0^2\sin^2(\sqrt{3}\omega_0 t + \beta)\right]\end{aligned} \qquad (2.53)$$

で与えられる．また，ポテンシャルエネルギーは，3 つのばねの伸びが x_1, $x_2 - x_1$, $-x_2$ であることから

$$U = \frac{1}{2}k\left[x_1{}^2+(x_2-x_1)^2+x_2{}^2\right]$$
$$= k\left[A^2\cos^2(\omega_0 t+\alpha)+3B^2\cos^2(\sqrt{3}\omega_0 t+\beta)\right] \quad (2.54)$$

となる．両者を加えあわせると，$\omega_0^2=k/m$ を使って

$$K+U = m\omega_0{}^2A^2+3m\omega_0{}^2B^2 = kA^2+3kB^2 \quad (2.55)$$

となる．式(2.51)が示すように，また具体的には例題 2.9 の 2 例目でも見たように，2 つの基準モードの振幅が合成されて観察されるが，系のエネルギーは個々のモードがもつエネルギーの単純な和となっていることに注目しよう．これが連成振動のひとつの特徴である．この結果を単振動の全エネルギーを表す式(2.9)と比べると，係数に 1/2 の相違があるが，この問題では 2 つの質点が振動を担っているからであると解釈できる．すなわち，式(2.55)の第 1 項 $m\omega_0{}^2A^2=kA^2$ は，質量が $2m$ でばね定数が k の系(重心)が ω_0 で単振動しているときの全エネルギーである．第 2 項 $3m\omega_0{}^2B^2=3kB^2$ は，質量 m でばね定数が $3k$ の系が 2 つあり，ともに $\sqrt{3}\omega_0$ で単振動するときの全エネルギーである．

例題 2.11　二酸化炭素の分子振動　二酸化炭素 CO_2 は直線形の分子である．原子間がフックの法則に従うばねで結び付けられている分子モデル(図 2.11)が縦振動する場合の固有角振動数を求めよう．

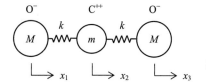

図 2.11　CO_2 分子の縦振動．

解　それぞれの原子の変位を図のようにとってばねの伸びを考えると，運動方程式は

$$M\frac{d^2x_1}{dt^2} = k(x_2-x_1)$$
$$m\frac{d^2x_2}{dt^2} = -k(x_2-x_1)+k(x_3-x_2) \qquad (2.56)$$
$$M\frac{d^2x_3}{dt^2} = -k(x_3-x_2)$$

となる．この振動系は3自由度に見えるが，3式の辺々を加えあわせれば右辺は打ち消しあい，重心は不動であることがわかる．実質的には2自由度の連成振動であり，2つのモードをもつ．具体的には以下のように解くことができる．

式(2.48)に至る手順によれば，

$$\begin{pmatrix} k-M\omega^2 & -k & 0 \\ -k & 2k-m\omega^2 & -k \\ 0 & -k & k-M\omega^2 \end{pmatrix} \begin{pmatrix} A_1 \\ A_2 \\ A_3 \end{pmatrix} = 0 \qquad (2.57)$$

であり，この行列式を零とおくと

$$\omega^2(k-M\omega^2)\left[(m+2M)k-Mm\omega^2\right] = 0 \qquad (2.58)$$

が得られる．根は3つあり，

$$\omega^2 = 0,\ \frac{k}{M},\ \left(\frac{1}{M}+\frac{2}{m}\right)k \qquad (2.59)$$

である．1番目の根 $\omega=0$ は，振動しないことを意味している．事実，式(2.57)からこのときの振幅比として $A_1=A_2=A_3$ が得られるが，これは原子相互の距離が一定のままの剛体的な運動に相当する[*2]．よって，二酸化炭素の縦振動には2番目，3番目の根に対応した対称伸縮と反対称伸縮の2つのモードがあることになる．これらの振動の様子を図2.12に示す．

[*2] 並進運動 ($x_1=x_2=x_3$) においては，この系のポテンシャルエネルギーは $U=\frac{1}{2}k\left[(x_2-x_1)^2+(x_3-x_2)^2\right]=0$ となって，レイリー法からも $\omega=0$ が導かれる．

2.5 連成振動

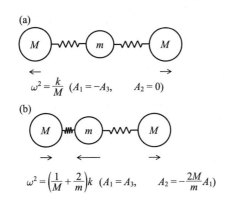

図 2.12 CO$_2$ 分子の(a)対称伸縮と(b)反対称伸縮の振動モード.

　二酸化炭素は分子全体では中性であるが，電気陰性度の違いから酸素原子が $-$ に，炭素原子が $+$ に帯電している．このため，水，メタンなどとともに電磁波を受けると分子振動を起こすいわゆる温室効果ガスであり，地表から宇宙に放射される赤外線のエネルギーを途中で吸収することで知られている．これらの気体分子と電磁波の相互作用は §2.4 の強制振動にほかならず，外力の役割を電磁波が果たしている．電磁波の振動数が分子の固有振動数に一致したとき，吸収エネルギーが最大となることも変わらない．電磁波が分子振動を励起し，気体分子間の衝突を経て大気の温度が上昇する．ただし，二酸化炭素の対称伸縮モードでは，電気双極子モーメントが零のまま変化しないので赤外線がこのモードを励起することはない．

　二酸化炭素は波長 4.26 μm と 15.0 μm の赤外線を吸収する．前者は今求めた反対称伸縮モードの，後者はここでは考慮しなかった横振動(変角振動モード)の固有角振動数に対応する．波長 4.26 μm，光速 $c=3\times10^8$ m/s，炭素原子の質量 $m=2.0\times10^{-26}$ kg，酸素原子の質量 $M=2.67\times10^{-26}$ kg を式(2.59)の第 3 式に代入してばね定数を計算してみると，$k \fallingdotseq 1420$ N/m になる．

　水は，水蒸気として大気中に存在する量と，赤外線の吸収効率がともに二酸化炭素など他の温室効果ガスに比べて桁違いに大きい．水分子は，基準振動に対応する 3 つの波長の赤外線を吸収する(図 2.13)．一方で，雲を作って太陽光を遮るなどの温暖化を抑制する効果もある．気象システムはきわめて複雑で

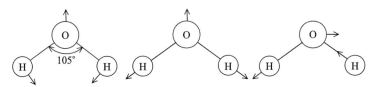

図 2.13 H$_2$O 分子の振動モード(吸収する波長は左から順に，6.27 μm，2.73 μm，2.66 μm).

あり，地球温暖化への正しい理解はその功罪とともにこれからの課題として残っている．

2.6 離散系の波動

2自由度の連成振動(図 2.8)からひととびに，無限個の等しい質量 m の質点が平衡状態において等間隔 a で直線状に連結されている系の縦振動を取り上げよう(図 2.14)．ばね定数も等しく k であり，間隔 a はばねの自然長であるとする．n 番目の質点の平衡点からの変位を x_n とおき，両側のばねが及ぼす力を例題 2.11 の式(2.56)の第2式と同じように考えると，運動方程式は

$$m\frac{d^2 x_n}{dt^2} = -k(x_n - x_{n-1}) + k(x_{n+1} - x_n) \tag{2.60}$$

で与えられる．この運動方程式が質点ごとにあるので，これらを連立させて解く先の手法は現実的でない．

式(2.60)の右辺を $k\left[(x_{n+1}-x_n)-(x_n-x_{n-1})\right]$ と書き換えると，[ ] 内は n 番目の質点と両隣の質点との変位差の，さらに差になっていることがわかる．つまり，a^2 で割れば空間座標による変位 x_n の2階微分を差分で置き換えた形となっており，間隔 a が十分小さいとき式(2.60)は波動方程式に帰着することが見通せる．そこで，その調和波解を手がかりに，

$$x_n = A e^{i(n\theta - \omega t + \phi_0)} \tag{2.61}$$

の解を仮定してみる．θ は間隔 a を単位とする波数で，ϕ_0 は初期位相である．これを式(2.60)に代入すれば，

2.6 離散系の波動

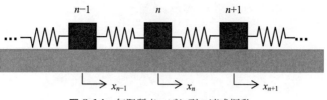

図 2.14 無限質点－ばね列の連成振動.

$$\omega = 2\omega_0 \sin\frac{\theta}{2} \tag{2.62}$$

の関係が得られる($\omega_0 = \sqrt{k/m}$). θ のとりうる範囲を $-\pi$ から π とすれば，ω の最大値は $2\omega_0$ である．式(2.61)の解はまさしく調和波であり，式(2.62)の条件を満たせば離散的な質点－ばね列を伝わる調和波が存在することになる．この条件が n を含まないということは，これが系を力学的媒質として特徴づけるものであることを意味している．

図 2.14 で右向きの座標軸を z とし，$n=0$ の位置に原点をとれば $z=na$ である．n を z で置き換えると，式(2.61)の実部から解は

$$x_n = A\cos(n\theta - \omega t + \phi_0) = A\cos(\kappa z - \omega t + \phi_0) \tag{2.63}$$

と書ける．波数を $\kappa = \theta/a$ とした[*3]．個々の質点に着目すれば，各質点が少しずつ遅れて同じ振幅と角振動数で単振動をすることがわかる．これは z の正の方向に縦波が伝わっていることを表している．

ω と κ の関係は，式(2.62)から

$$\omega = 2\omega_0 \sin\frac{\kappa a}{2} \tag{2.64}$$

となる．波の伝播速度は $c=\omega/\kappa$ であるが，c が波数(あるいは角振動数)に依存する波動を一般に分散性波動という．このように，正弦波を考えたときの角振動数 ω と波数 κ の関係が分散関係式であり，それを図示した曲線を分散曲線とよぶ．式(2.64)を図 2.15 に示す．$\kappa<0$ は z の負の方向に伝わる波に対応する．図中の漸近線が示すように，κ が小さい(波長 $2\pi/\kappa$ が大きい)領域では

[*3] ばね定数と区別するために波数に κ の記号をあてるが，次章以降は一般的な k で波数を表記する．

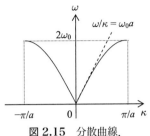

図 2.15 分散曲線.

$\sin \dfrac{\kappa a}{2} \fallingdotseq \dfrac{\kappa a}{2}$ であるので,

$$c = \frac{\omega}{\kappa} = \omega_0 a = \sqrt{\frac{k}{m}}\,a \tag{2.65}$$

の近似が成り立ち, c が振動数に依存しない非分散性の波となる. このとき, 式(2.60)は波動方程式に帰着する. これは, 長波長の波の場合に運動が十分ゆるやかであり, 式(2.60)右辺の差分形式が2階微分の精度のよい近似になっていることを意味している. 質点—ばね列の1箇所に縦変位が与えられるとそこから縦波が伝わるが, 式(2.65)はばね定数 k と間隔 a が大きいほど, また運動に抵抗する質量 m が小さいほど波が早く伝わることを示している. これは直感的な予測と矛盾しない.

分散関係式(2.64)にもどると, ω のとりうる最大値は $2\omega_0$ である. このように, ある波または波のモードが存在できる限界の周波数を遮断周波数という. 遮断周波数では分散曲線上の傾き $d\omega/d\kappa$ が零となる. このことに関しては §6.5 でも取り上げる.

図 2.14 の連成振動は, 波長が結晶の格子定数と同じ程度の弾性波の1次元モデルでもあり, 最も近接した面の間だけで力が働く単原子格子の場合, 式(2.60)の差分形式は正しく結晶面の運動を表現している. 立方晶系結晶では, [100], [110], [111] 方向に伝わる縦波と横波について伝播方向に垂直な面内で同位相となるので, この連成振動はそのような波動のモデルとなる. このとき, a は原子面の間隔, k は原子間ポテンシャルを放物線近似したときの係数で, 式(2.11)と同様に与えられる. また, $-\pi/a \leqq \kappa \leqq \pi/a$ の範囲は第1ブリ

ルアン(Brillouin)ゾーンに相当し，$a \to 0$ とする連続体近似では，波数 κ の上限は無限大になる．多くの物質について，π/a は 10^{10} m^{-1} 程度の大きさである．

例題 2.12　縦波の伝播速度　金属線を縦波が伝わるときの伝播速度を式(2.65)に基づいて求めてみよう．ヤング率(応力とひずみの間の比例定数)を E，密度を ρ，断面積を S とする．

解　金属線を等間隔 a に分割し，1区間の質量を質点に集中させると，$m = \rho S a$ になる．また，軸方向に引張り力 F が加わって間隔が a から $a+x$ に伸びたときの応力は F/S，ひずみは x/a であるので，力 F と伸び x の間の比例定数に相当するばね定数は $k = ES/a$ で与えられる．これらを式(2.65)に代入すれば，

$$c = \sqrt{\frac{k}{m}}a = \sqrt{\frac{ES}{a}\frac{1}{\rho Sa}}a = \sqrt{\frac{E}{\rho}} \tag{2.66}$$

が導かれる．この結果は弾性力学から得られる棒における縦波の長波長域での伝播速度に一致する(☞§5.5)．アルミニウムを例に，$E = 70.3$ GPa $= 70.3 \times 10^3$ N/mm^2 と $\rho = 2690$ kg/m^3 を代入すると，$c = 5.11$ km/s となる．光に比べると，10^{-5} 倍程度の速度でしかない．

2.7　波動に共通の性質

この章では単振動から始めて無限に続く質点-ばね列での波動へと，寄り道することなく議論をつなげてきた．3章以降は，弦を伝わる波，気体中の音波，固体での弾性波，そして水の表面波のメカニズムを，それぞれの自然現象に密着しながら，支配する力学の原理に基づいて順に説明していく．このような波を伝える連続な物質を媒質とよぶ．媒質がもつ復元力の違いを反映してこれらの波の振る舞いは異なるが，古典力学では多くがそうであるように，ここでもニュートンの第2法則(力＝質量×加速度)，すなわち運動量原理，から話が始まる．このことに加えて，力学法則に従う波動は次のような共通の性質を

もっている．

1. 波は，なんらかの波源から出発して媒質を伝わっていく．弦楽器の弦が振動するときのようにある長さの区間に閉じ込められる場合でも，波はその両端で繰り返し反射しながら弦に沿って両方向に伝播している．
2. 波によって伝わるのは，外部から加えられた乱れ（力学的刺激といってもよい）であり，エネルギーである．次々と隣の粒子にエネルギーを伝達していくのが波動という現象である．粒子は，波とともに平衡点を中心に単振動するだけで移動はしない．この単振動は，縦波では伝播方向に，横波ではそれに垂直な方向に生じる．また，水や固体での表面波ではこれらが合成され，楕円軌道を描く．水面に浮かぶ落ち葉をよく観察するとこのことがわかる．
3. 数式を使った解釈を容易にするために，振幅が十分小さいと仮定して，2乗以上の項を無視する手法をとることができる．原因の大きさに比例して増減する反応だけを見ていることになるが，この線型近似に基づく議論によってほとんどの波動現象の本質を説明できる．
4. この線型近似が当てはまるとき，重ね合わせの原理が成り立つ．すなわち，複数の波が伝わる時に互いに影響し合うことがない．このことから，パルスに含まれるひとつの周波数成分（つまり正弦波）だけを切り離して考えることが意味を持ってくる．
5. 音波や弾性波など多くの場合，波が伝わる速さ（音速）は周波数によらず一定である．もし音波がこの性質を持っていなかったら，人の会話も音楽も成り立たないであろう．この場合は，波動方程式(1.1)によって時間的・空間的な発展が表現される．
6. 水の表面波が代表例であるが，速度が周波数とともに変化する特性の波もある．これが分散性波動であり，波動方程式に従わず，現象は複雑となる．
7. 厳密さを犠牲にしていえば，一般に波の伝播速度は（復元力を代表するパラメータ÷慣性力を代表するパラメータ）の平方根になっている．
8. 媒質が均質であれば，波は直進する（フェルマーの原理）．不均質な媒質では，屈折や全反射を経てインピーダンス（＝伝播速度×密度．☞§3.3）が小

さい領域に集まる性質が波一般にある．
9. 媒質が空間的に限定されていると，共振が生じる．共振周波数は離散的に存在する．
10. 波は伝播する間に反射・屈折，回折・散乱，分散，干渉などの諸現象を示す．これらは同じ波動方程式に支配される光にも現れるので，両者のあいだにアナロジーが成り立つことが多い．

◆第2章の演習問題◆

2.1 水面に垂直に浮いている真っ直ぐな棒が上下に振動するときの周期を求めよ．水面下の棒の長さを l，水の密度を ρ とする．

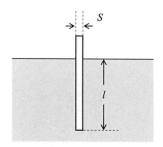

解 浮力は，棒が押しのけた水に作用する重力に等しい(アルキメデスの原理)ので，重力と釣りあった静止状態では $mg=\rho gSl$ である．棒の断面積を S とした．この状態から x だけ棒が沈んだとすると浮力が増え，ニュートンの第2法則から

$$m\frac{d^2x}{dt^2} = mg - S\rho g(l+x) = -S\rho gx$$

が得られる．式(2.1)と同じ単振動である．周期は

$$T = 2\pi\sqrt{\frac{m}{S\rho g}} = 2\pi\sqrt{\frac{l}{g}}$$

で，長さ l の単振り子と等しくなった．棒の質量や液体の密度に依存しない．

2.2 地球が均質な材料でできた球であり，中心を通る真っ直ぐなトンネルがあった

とする．地表からこのトンネルに物体を落下させたとき，物体が単振動することを示せ．また，その周期を求めよ．地球は静止しているとする．

解 万有引力定数を G，地球の密度を ρ，物体の質量を m とする．物体が中心から r の距離にあるとき，物体は中心に向かう大きさ

$$F = \frac{GmM}{r^2}$$

の引力を受ける*4．M は，半径 r の球(図の灰色部分)の質量である．$M=4\pi r^3\rho/3$ であるので，$F=4\pi Gmr\rho/3$ となり，半径 r に比例する．中心に向かう力は地表に近いほど大きく，中心で零となるのでフックの法則に従うばねと同様の復元力が物体に作用する．相当するばね定数が $k=4\pi Gm\rho/3$ で与えられるので，周期は $T=2\pi\sqrt{\dfrac{m}{k}}=2\pi\sqrt{\dfrac{3}{4\pi G\rho}}$ になる．$G=6.674\times10^{-11}$ Nm^2/kg^2 と地球の平均密度 $\rho=5.515\times10^3$ kg/m^3 を代入すると，周期は $T \fallingdotseq 5049$ sec で約 84 分である．

2.3 §2.4 で省略した自由振動を含む一般解を考えることによって，固有角振動数 ω_0 にほぼ等しい ω で周期的な外力が加わったときの応答を調べよ．初期条件は，$t=0$ で $x=dx/dt=0$ とする．減衰は非常に弱く，$\gamma\ll\omega_0$ とおく．

解 一般解は，式(2.24)の自由減衰振動と式(2.35)の強制振動の解を加え合わせて，

$$x(t) = Ae^{-\gamma t}\cos(\sqrt{{\omega_0}^2-\gamma^2}\,t+\phi)+B(\omega)\cos(\omega t-\delta)$$

で与えられる．$B(\omega)=f_0\big/\sqrt{({\omega_0}^2-\omega^2)^2+4\gamma^2\omega^2}$ とおいた．初期条件から

$$A\cos\phi+B(\omega)\cos\delta = 0$$

$$-A(\gamma\cos\phi+\sqrt{{\omega_0}^2-\gamma^2}\sin\phi)+\omega B(\omega)\sin\delta = 0$$

となる．ここで，第 2 式は，$\gamma\ll\omega_0$ により $-A\sin\phi+B(\omega)\sin\delta=0$ と近似で

---

*4 一般に，物体を内部に含む球殻と物体の間には万有引力がはたらかない．また，半径 r の球(図の灰色部分)については全質量が中心に集中した質点として扱ってよい．

きるので，第 1 式を使って $\phi+\delta=0$ と $A=-B$ が導かれる．以上より，$\omega\fallingdotseq\omega_0$ を考慮すれば，この過渡的な減衰振動の解として

$$x(t) = A(1-e^{-\gamma t})\cos(\omega t-\delta)$$

が得られる．この応答を下に図示する．強制振動に対して逆位相の自由振動が時間とともに指数関数的に減衰し，強制振動だけの定常状態に漸近していく様子がわかる．

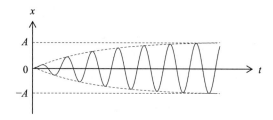

2.4 質点が 2 つのばねで固定端に接続され，摩擦のない水平面上で横振動するときの振る舞いを調べよ．静止状態でばねは自然長 l であったとする．

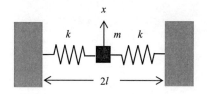

解 質点が横方向に x だけ変位したとすると，ばねに $\sqrt{l^2+x^2}-l$ の伸びが生じる．この伸びは，x 方向に $k\left(\sqrt{l^2+x^2}-l\right)\dfrac{x}{\sqrt{l^2+x^2}}$ の分力をもたらすので，運動方程式は $m\dfrac{d^2x}{dt^2}=-2k\left(\sqrt{l^2+x^2}-l\right)\dfrac{x}{\sqrt{l^2+x^2}}$ となる．微小振幅($|x|/l\ll 1$)を仮定してテイラー展開を行なうと

$$m\frac{d^2x}{dt^2} \fallingdotseq -k\frac{x^3}{l^2}$$

となる．つまり，フックの法則に従うばねであるが，復元力は変位に比例せず，調和振動が生じない一例である．この非線型振動の周期は楕円積分で表され，振幅に依存する(☞付録 A.3)．なお，静止状態でばねが伸びている場合は変位に比例する復元力が支配的になり，微小振幅であれば単振動に帰着す

る．確認してみよう．

2.5 台北市にある台北 101 は 101 階建ての高さ 509.2 m の超高層ビルである．強風・地震によるビルの振動を抑制するために，その上部に重さ 660 t の金属球体を長さ 42 m のケーブルで吊り下げている．球体は油圧粘性ダンパー 8 本によって支持されている．この単振り子の固有周期を求め，その制振メカニズムを考察せよ．

解 $T=2\pi\sqrt{l/g}$ に $l=42$ m を代入すれば，周期は $T=13$ sec である．ビルと振り子の固有振動数を合わせておくと，ビルの振動に共振しておもりが大きく揺れる．ダンパーにこの揺れのエネルギーを吸収させることにより振動を低減することができる．TMD (tuned mass damper) とよばれるこの振り子式制振装置は，明石海峡大橋や東京スカイツリーなど多くの大型構造物に設置されている．

2.6 §2.6 で考えた無限に連結された質点－ばね列が，下図のように各質点で同じ長さ l の糸によって天井から吊り下げられているとする．この系における縦波の分散関係式を導き，式(2.64)と比較してみよ．ばねと糸の質量は無視する．

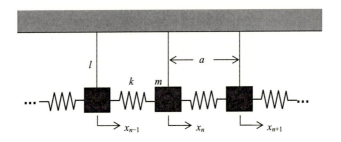

解 左右のばねから受ける力と，振り子としての重力による復元力が各質点に作用する．微小振動を仮定すれば n 番目の質点に対する運動方程式は，線型化した式 (2.12) と式 (2.60) から

$$m\frac{d^2x_n}{dt^2} = -\frac{mg}{l}x_n - k(x_n - x_{n-1}) + k(x_{n+1} - x_n)$$

となる．あとは §2.6 と同じように解くことができ，$\omega_0^2 = k/m$ および $\Omega^2 = g/l$ とおけば

$$\omega^2 = \Omega^2 + 4\omega_0^2 \sin^2\frac{\kappa a}{2}$$

の分散関係式が得られる．この ω と κ の関係を下に図示する．この結果によれば，長波長 ($\kappa \ll 1$) のとき第2項・第3項にあるばねの効果が小さくなり，振り子としての固有角振動数に近くなる．質点間隔の差が小さいためにばねがほとんど機能していない状態である．逆に，短波長域ではばねが大きな効果をもたらし，重力の影響は相対的に小さくなる．さらに，式 (2.64) で表現される分散特性との相違点は，この解が上下2つの遮断周波数ではさまれた帯域において存在することである．

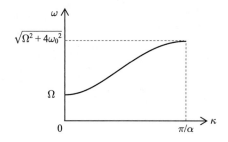

追加の演習問題

2.7 質点が張力 P で張られた弦の中央につけられ，摩擦のない水平面上において微小振幅で単振動するときの固有振動数 ω を考えよう．まず，ω は質量 m, 張力 P, 長さ a に依存することから $\omega \propto m^\alpha P^\beta a^\gamma$ と仮定し，次元解析を用いて ω の各量への依存性を調べよ．また，レイリーの方法によって ω を求めよ．

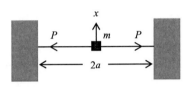

解 微小振幅であれば，張力は一定としてよい．ω, m, P, a の次元はそれぞれ T^{-1}, M, MLT^{-2}, L であるので，$T^{-1} = M^\alpha \cdot M^\beta L^\beta T^{-2\beta} \cdot L^\gamma$ が成り立つ．両辺のベキを見比べると，$\alpha+\beta=0$, $\beta+\gamma=0$, $2\beta=1$ であることがわかる．$\alpha=-\frac{1}{2}$, $\beta=\frac{1}{2}$, $\gamma=-\frac{1}{2}$ から $\omega \propto \sqrt{\dfrac{P}{ma}}$ の関係が簡単に導かれるが，比例定数は未定のままである．一方，$x=A\cos\omega T$ とおくと，質点の持つ運動エネルギーとポテンシャルエネルギーは，$K=\dfrac{1}{2}m\dot{x}^2=\dfrac{1}{2}mA^2\omega^2\sin^2\omega t$, $U=\dfrac{Px^2}{a}=\dfrac{P}{a}A^2\cos^2\omega t$ である．これらを使うと，レイリーの方法からは $\omega=\sqrt{\dfrac{2P}{ma}}$ と比例定数を含めて固有振動数を決定できる．

弦を伝わる波

　音と波の力学に関する議論は，比較的簡単な1次元の媒質における波動から始めるのが適切であろう．本章では，その代表例として張力ではられた弦を伝わる横振動の波を取り上げる．弦楽器の弦に発生する振動である．いくつかの重要な基本事項を，微小変形の範囲内で，つまり線型近似に基づいて調べる．伝播速度，波のエネルギー，インピーダンス，反射と透過，共振・共鳴などである．これらは波動方程式に従うすべての音と波に共通することであり，以後のより複雑な連続体での波動を考えるための基礎となる．

　まず，弦における波の伝播速度が，復元力を生み出す張力と慣性力を代表する密度から決まることを導く．伝播速度×密度で与えられるインピーダンスは，異なる媒質が接続された場合にその境界で生じる反射と透過を支配する量である．これをうまく制御することによって無反射の境界を作り出すことも可能であり，そのメカニズムを詳しく見る．

　弦楽器の楽音は，限られた長さの弦の両端で反射を繰り返す波が離散的な特定の振動数で重ね合わされて作られる定在波によるものである．この現象が共振・共鳴であり，系の基準振動あるいは基準モードとしてとらえることができる．類似した気柱などでの音波の共鳴も併せてここで説明する．次章以降でも2次元領域での共振・共鳴について議論するが，その手始めに膜の共振を取り上げてこの章を締めくくる．

【キーワード】

弦　string	定在波　standing (stationary) wave
波動方程式　wave equation	共振・共鳴　resonance
伝播速度　propagation velocity	固有振動数　characteristic frequency
インピーダンス　impedance	
反射係数　reflection coefficient	基準関数　normal functions
透過係数　transmission coefficient	基準モード　normal modes
ニュートンリング　Newton ring	基音　fundamental
インピーダンス整合　impedance matching	倍音　overtone, harmonics
	フーリエ展開　Fourier expansion
反射防止膜　nonreflecting film	膜　membrane

3.1　波動方程式

ギター(図 3.1)のようにしなやかな弦が張力 T ではられているとする．弦の線密度(単位長さあたりの質量)ρ は一様である[*1]．図 3.2 のように静止状態の弦に沿って x 座標をとり，これに垂直な方向の変位を位置と時間の関数として $y=y(x,t)$ とおいて y の変動，すなわち横波を考えよう．重力は無視する．

弦の運動は，やはりニュートンの第 2 法則に従う．平衡状態で位置 x と $x+$

図 3.1　ギター．

[*1]　この章に限って ρ は弦の線密度(= 質量密度 × 断面積)を表す．

3.1 波動方程式

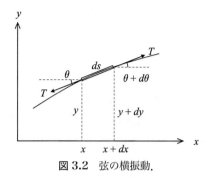

図 3.2 弦の横振動.

dx の間にあった素片にはたらく力をまず求めよう.弦が変形したときの局所的な傾きが,$\theta = \partial y / \partial x (\ll 1)$ となることを考慮して 2 次以上の微小量を無視すれば(線型近似),

x 方向の合力:$T\cos(\theta+d\theta) - T\cos\theta$

$$= -2T\sin(\theta+\frac{d\theta}{2})\sin\frac{d\theta}{2}$$

$$\fallingdotseq -T\sin\theta \cdot d\theta$$

$$\fallingdotseq -T\theta \cdot d\theta \tag{3.1}$$

y 方向の合力:$T\sin(\theta+d\theta) - T\sin\theta$

$$= 2T\cos(\theta+\frac{d\theta}{2})\sin\frac{d\theta}{2}$$

$$\fallingdotseq T\cos\theta \cdot d\theta$$

$$\fallingdotseq T d\theta$$

$$\fallingdotseq T\frac{\partial^2 y}{\partial x^2}dx \tag{3.2}$$

となる.x 方向の合力は,y 方向より十分小さく無視できる.弦が曲がるため素片の両端にはたらく張力に不つり合いが生まれ,この y 方向の合力が素片を平衡位置にもどそうとする復元力となる.式(3.2)を「質量×加速度=力」に用いると,

$$\rho ds \frac{\partial^2 y}{\partial t^2} = T\frac{\partial^2 y}{\partial x^2}dx$$

したがって，

$$\frac{\partial^2 y}{\partial t^2} = c^2 \frac{\partial^2 y}{\partial x^2} \tag{3.3}$$

のように波動方程式を得る．$c=\sqrt{T/\rho}$ は，弦に沿って横波が伝わる速度（厳密には位相速度）で，復元力と慣性力を代表するパラメータの比で与えられる．次元は異なるが，この特徴は単振動の固有角振動数に類似する．ここで，素片は振動に伴ってもとの長さ dx から ds に伸びているが，$ds=\sqrt{dx^2+dy^2} \fallingdotseq dx\left[1+\frac{1}{2}\left(\frac{\partial y}{\partial x}\right)^2\right] \fallingdotseq dx$ とし，張力 T と線密度 ρ は一定とした．線型近似の範囲内で許される簡単化である．

例題 3.1 弦を伝わる速度 楽器の弦（$\rho=0.5$ g/m）とロープ（$\rho=1$ kg/m）をそれぞれ 100 N の力で引っ張ったとき，それぞれを伝わる波の速度を比較しよう．

解 $c=\sqrt{T/\rho}$ からこの弦では $c=447$ m/s であり，空気中の音波（☞§4.1）より速い．このままギターに取り付けると，弦長 65 cm が半波長に一致する基音（☞§3.5）の周波数は 344 Hz になる．E（ミ）と F（ファ）の間の高さである．ロープでは，$c=10$ m/s である．

例題 3.2 初期値問題 ある瞬間 $t=0$ に，弦の横変位が $y=P(x)$，その速度が $\partial y/\partial t=Q(x)$ で与えられた場合の解を求めよう．

解 波動方程式(3.3)の一般解は，式(1.3)のように $y(x,t)=f(x-ct)+g(x+ct)$ であるので，初期条件から

$$\begin{aligned} P(x) &= y(x,0) = f(x)+g(x) \\ Q(x) &= \left.\frac{\partial y}{\partial t}\right|_{t=0} = -c\frac{\partial f(x)}{\partial x}+c\frac{\partial g(x)}{\partial x} \end{aligned} \tag{3.4}$$

である．第 1 式を x で微分し，第 2 式と連立させて解いた結果を x に

ついて積分すれば

$$\begin{aligned}f(x) &= \frac{1}{2}\left[P(x)-\frac{1}{c}\int Q(s)ds\right]\\ g(x) &= \frac{1}{2}\left[P(x)+\frac{1}{c}\int Q(s)ds\right]\end{aligned} \quad (3.5)$$

が得られる．したがって，この初期値問題に対する解は以下のようになる：

$$y(x,t) = \frac{1}{2}\left[P(x-ct)+P(x+ct)+\frac{1}{c}\int_{x-ct}^{x+ct}Q(s)ds\right] \quad (3.6)$$

特別な場合として，静止状態から波が発生するときは第3項が零であり，与えられた変位 $P(x)$ の半分の大きさの波が x 軸の両方向に伝わる．その様子を図3.3に示す．

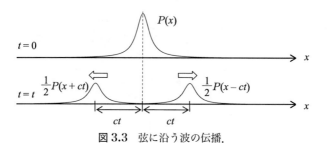

図 3.3 弦に沿う波の伝播．

3.2　波のエネルギー

弦の素片 dx がもっている運動エネルギーは，質量が ρdx，速度が $\partial y/\partial t$ であるので

$$K = \frac{1}{2}\rho dx\left(\frac{\partial y}{\partial t}\right)^2 \quad (3.7)$$

である．また，ポテンシャルエネルギーは張力 T がした仕事に等しいが，長さが dx から ds に伸びることから

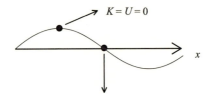

図 3.4 x の正方向に伝わる正弦波のエネルギー密度.

$$U = T(ds-dx) \fallingdotseq \frac{1}{2}Tdx\left(\frac{\partial y}{\partial x}\right)^2 \tag{3.8}$$

となる．波動方程式(3.3)の一般解 $y(x,t)=f(x\mp ct)$ から

$$\frac{\partial y}{\partial t} = \mp cf'(x\mp ct), \quad \frac{\partial y}{\partial x} = f'(x\mp ct)$$

であること，および $c^2=T/\rho$ であることを考えると，つねに $K=U$ であることがわかる．このことは，$K+U=$一定 の単振動との際立った相違点である．具体的に，正弦波 $y=A\cos(kx-\omega t)$ については，図 3.4 に示すように最大振幅の箇所で粒子速度が零であり，同時に素片は平行移動しただけで伸びがないので $K=U=0$ である．平衡位置においては粒子速度も伸びも最大となり，両者とも最大値をとる．

正弦波の 1 波長あたりの K と U を求めよう．

$$\frac{\partial y}{\partial t} = A\omega\sin(kx-\omega t), \quad \frac{\partial y}{\partial x} = -Ak\sin(kx-\omega t)$$

であるから，ある時刻($t=0$ とする)において

$$\begin{aligned}K &= \frac{\rho}{2}(\omega A)^2 \int_0^\lambda \sin^2 kx\,dx = \frac{\rho\lambda}{4}(\omega A)^2 \\ U &= \frac{T}{2}(kA)^2 \int_0^\lambda \sin^2 kx\,dx = \frac{T\lambda}{4}(kA)^2\end{aligned} \tag{3.9}$$

で，ともに $\rho\lambda(\omega A)^2/4$ となる．両者が等しいことは，上の議論から自明である．全エネルギーは，したがって $\rho\lambda(\omega A)^2/2$ で，単位長さあたり $\rho(\omega A)^2/2$ になる．$(\omega A)^2$ に比例する点は単振動と共通する．

例題 3.3 球面波と円筒波の幾何学的減衰 減衰のない媒質中であっても，球面波の振幅は波源からの半径に逆比例して小さくなっていく．この現象をエネルギーの視点から考えよう．円筒波ではどうか？

解 半径が r のときの振幅が A なら，球面波全体がもつエネルギーは $A^2 r^2$ に比例し，これが保存される．したがって，半径に逆比例して振幅が小さくなる．円筒波では，同様にして $A^2 r$ が保存されるので，$\sqrt{r}$ とともに小さくなる．球面波よりゆるやかに減衰する．

3.3 反射と透過

強く張ったロープの一端を揺らして波を起こす場合，加えた力と発生した波の大きさの比は，そのロープの媒質としての特性で決まる．駆動力を入力，作られた波による粒子速度を出力とすれば，入力÷出力が抵抗に相当するので，電気回路にならってこれをインピーダンスという．波の反射・透過・屈折を支配する重要な物理量であるこのインピーダンスをまず説明する．

図 3.5 のように弦の一端に加えた横方向の周期的な力 F_y によって正弦波 $y = A\cos(kx - \omega t)$ が生じたとき，インピーダンス=入力÷出力 を $Z = F_y/V_y$ で定義する．V_y は，加振点での横方向の粒子速度である．入力端 $x=0$ における力のつり合い $F_y + T\sin\theta = 0$ から

$$F_y = -T\sin\theta \fallingdotseq -T\theta = -T\left(\frac{\partial y}{\partial x}\right) = \frac{T}{c}\left(\frac{\partial y}{\partial t}\right) = \frac{T}{c}V_y \quad (3.10)$$

となる．したがって，インピーダンスは

$$Z = \frac{F_y}{V_y} = \frac{T}{c} = \sqrt{\rho T} = \rho c \quad (3.11)$$

図 3.5 外力による波の励振．

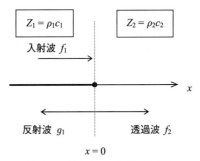

図 3.6 接合点での反射と透過.

となる．波に対する媒質固有の性質であり，振動数や振幅とは独立である．このように密度と伝播速度の積で表されるインピーダンスは，波動現象を取り扱う多くの場面で用いられる．音波・弾性波に対しては，音響インピーダンスという（このときの ρ は質量密度である）．光の場合は，媒質内の屈折率がインピーダンスに相当する．

つぎに，インピーダンスが $Z_1=\rho_1 c_1$ と $Z_2=\rho_2 c_2$ の 2 本の弦が $x=0$ で接続された簡単なモデルの横波の反射・透過を取り上げる（図 3.6）．接合点に左側から波形 f_1 の波が入射するときの反射波と透過波はどうなるかを考えよう．

反射波と透過波の波形は未知であり，これらを g_1 と f_2 とおく．$x<0$ の領域には入射波と反射波が，$x>0$ には透過波のみが存在するので，横変位 y は

$$x<0: \quad y = f_1(t-x/c_1)+g_1(t+x/c_1)$$
$$x>0: \quad y = f_2(t-x/c_2)$$

と書ける．後の計算が簡単になるように位相の表現を選んでいる．3つの波は，$x=0$ での 2 つの境界条件を満たさなければならない．まず，変位 y が連続であることから，

$$f_1(t)+g_1(t) = f_2(t) \tag{3.12}$$

また，y 方向の力 $(T\partial y/\partial x)$ が連続であることから，式(3.11)を使って

$$-Z_1 f_1'(t)+Z_1 g_1'(t) = -Z_2 f_2'(t) \tag{3.13}$$

3.3 反射と透過

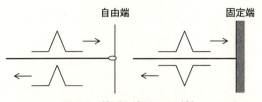

図 3.7 特別な境界での反射.

でなければならない. x 方向の力の連続性は保証済みであり, 張力 T は一定とみなしてよい. これを積分して,

$$-Z_1 f_1(t) + Z_1 g_1(t) = -Z_2 f_2(t) \tag{3.14}$$

が得られる. 最後に, 式(3.12)と式(3.14)を連立させて解けば

$$\text{反射波：} \quad g_1(t) = \frac{Z_1 - Z_2}{Z_1 + Z_2} f_1(t)$$
$$\text{透過波：} \quad f_2(t) = \frac{2Z_1}{Z_1 + Z_2} f_1(t) \tag{3.15}$$

と波形が求まる.

結局, 入射波と反射波・透過波の関係は, 反射係数 $R=(Z_1-Z_2)/(Z_1+Z_2)$ と透過係数 $T=2Z_1/(Z_1+Z_2)$ だけによって決まる. 入射波の波形や振幅とは無関係である. 周波数とも独立である. $|R| \leqq 1$ であり, つねに $T=1+R$ の関係が成り立つ. また, 反射波は, $Z_1 > Z_2$ のとき入射波と同位相, $Z_1 < Z_2$ のとき逆位相である. 透過波は, インピーダンスとは無関係に入射波と必ず同位相である. $Z_1 > Z_2$ のとき, 透過波の振幅は入射波より大きくなるが 2 倍を越えることはない.

特別な場合として, たまたま $Z_1=Z_2$ であれば波にとっては境界がないことになり反射波は生じない. 自由端 $Z_2=0$ では, 式(3.15)の第 1 式により入射波と同じ振幅・位相の反射波となる. 固定端 $Z_2 \to \infty$ からは同じ振幅, 逆位相の反射波が生じる (図 3.7).

図 3.8 に実際の観察例を示す. 式(3.15)に従う反射波と透過波が確かに発生している. また, この例では反射・透過にともなってパルス幅も変化している. これについては, $Z=T/c$ の張力 T が共通であるため Z の大きい左側で

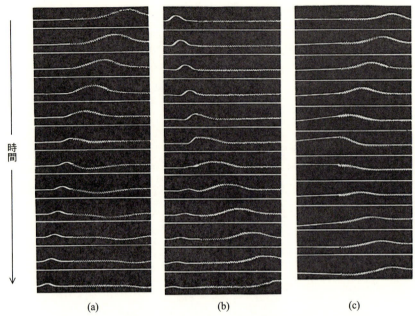

図3.8 2つの弦の接合点からの反射と透過．(a)軽い弦(右側)から重い弦への透過波．反射波は，入射波と逆位相になっている．(b)重い弦(左側)から軽い弦への透過波．反射波は，入射波と同じ位相になっている．(c)非常に軽い糸との接合点からの反射波．パルス全体がそのままの形で反射している．[『PSSC 物理 上 第2版』山内恭彦・平田森三・富山小太郎監修，岩波書店(1967) P.239, 240 を改変]

速度 c が小さく，さらに周波数 f が保存されるので $\lambda=c/f$ から波長 λ も小さくなるからであると定性的に説明できる．

例題 3.4　エネルギーの保存　反射・透過の際に入射波がもつエネルギーは当然保存されなければならない．これを図3.6の場合について確認しよう．

解　2つの弦の接合点に振幅 A_1 の正弦波が入射し，振幅 B_1 の反射波と振幅 A_2 の透過波が生じたとする．すなわち，式(3.15)から

$$B_1 = \frac{Z_1-Z_2}{Z_1+Z_2}A_1, \quad A_2 = \frac{2Z_1}{Z_1+Z_2}A_1 \tag{3.16}$$

である．波によって運ばれるエネルギーは，前節の結果から単位長さ・単位時間あたり $\frac{1}{2}\rho(\omega A)^2 \times c = \frac{1}{2}Z(\omega A)^2$ であるので[*2]，反射波と透過波が接合点 ($x=0$) から左右に運び去るエネルギー密度の和は，

$$\frac{1}{2}Z_1(\omega B_1)^2 + \frac{1}{2}Z_2(\omega A_2)^2 = \frac{1}{2}(\omega A_1)^2 \frac{Z_1(Z_1-Z_2)^2 + 4Z_1^2 Z_2}{(Z_1+Z_2)^2}$$
$$= \frac{1}{2}Z_1(\omega A_1)^2 \quad (3.17)$$

となり，入射波が持っていたエネルギー密度に等しいことが確認できる．つまり，入射波によってもたらされたエネルギーは，両側のインピーダンスの比によって決まる割合で反射波と透過波に分配され，双方向に輸送されることになる．

例題 3.5 ニュートンリング 図 3.9 のように大きな曲率半径 R を持つ球面レンズとガラス板を重ねて真上から観察すると，中心からの距離によって異なる色の光の輪が見える．ニュートンリングである．波長 λ の光の輪の半径 $r(\ll R)$ を求めよ．

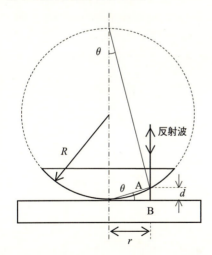

図 3.9 ニュートンリング．

[*2] 波が伝えるエネルギーはインピーダンスに比例する．

解　上方からの入射光に対して，A 点と B 点からの反射光に光路差ができ，これによる位相差のために両者が干渉して生じる現象である．この間隙を d とする．$\tan\theta = r/(2R-d) = d/r$ の関係があるが，$R \gg d$ であるので $2d \fallingdotseq r^2/R$ とできる．ここで，空気中の光の速度はガラスより大きいため，式(3.15)によれば B 点で反射する際に位相が反転する．この半波長を加えると，$2d \fallingdotseq r^2/R = (m+1/2)\lambda$ のとき波長 λ の光が同位相で重なって強めあう（m は整数）．これより，$r = \sqrt{(m+1/2)\lambda R}$ となる．

3.4　インピーダンス整合

異なるインピーダンスの媒質が接続されている場合，$Z_1 = Z_2$ でない限り必ず反射波が生じる．このため，波によってエネルギーや信号を伝える際に損失が生じる．しかし，適切なインピーダンスと長さ（厚さ）を持つ第 3 の媒質（整合層）を挿入することによって無反射の状態を作り出すことが可能である．これをインピーダンス整合といい，これによって損失のない伝達が実現する．

弦を伝わる横波についてインピーダンス整合のための条件を求めよう．図 3.10 のように振幅 A_1 の正弦波が媒質 1 の左側から入射するとし，図中に示す 4 つの波の振幅を，A_2, A_3（透過波）および B_1, B_2（反射波）とする．前節と同様に，$x=0$ と $x=l$ で変位 y とその勾配 $\partial y/\partial x$ が連続という 4 つの境界条件から 4 つの未知の振幅と A_1 との比が決まる．入射波がもたらすエネルギーと透過波が媒質 3 に運び去るエネルギーが等しい，つまり $Z_3 A_3^2 = Z_1 A_1^2$ のとき無反射となる．そうなるように挿入した媒質 2 の長さ l とインピーダンス Z_2 を決めればよい．

$x=0$ における変位 y の連続性 $A_1 e^{i(\omega t - k_1 x)} + B_1 e^{i(\omega t + k_1 x)} = A_2 e^{i(\omega t - k_2 x)} + B_2 e^{i(\omega t + k_2 x)}$ に $x=0$ を代入して，$A_1 + B_1 = A_2 + B_2$ が得られる．上式を x で微分し，$x=0$ を代入すれば勾配 $\partial y/\partial x$ の連続性から，$Z_1(A_1 - B_1) = Z_2(A_2 - B_2)$ となる．同様に，$x=l$ での y と $\partial y/\partial x$ の連続性からは，$A_2 e^{-ik_2 l} + B_2 e^{ik_2 l} = A_3 e^{-ik_3 l}$，$Z_2(A_2 e^{-ik_2 l} - B_2 e^{ik_2 l}) = Z_3 A_3 e^{-ik_3 l}$ となり，以上 4 つの境界条件から各振幅と入射波の振幅 A_1 との比が求められる．その結果を用いると，透過

3.4 インピーダンス整合

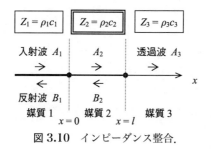

図 3.10 インピーダンス整合.

エネルギーと入射エネルギーの比は

$$\frac{Z_3 {A_3}^2}{Z_1 {A_1}^2} = \frac{4Z_1/Z_3}{(Z_1/Z_3+1)^2\cos^2 k_2 l + (Z_1/Z_2+Z_2/Z_3)^2 \sin^2 k_2 l} \tag{3.18}$$

となる．実数の A_1 に対して A_3 は複素数となるが，上式中の A_3 はその絶対値である．

三角関数の周期性からこの比を 1 にする $k_2 l$ は無数に存在するが，一般に採用する解は，$k_2 l = \pi/2$ であり，このとき $\sin k_2 l = 1$，$\cos k_2 l = 0$ となる．すなわち，$k_2 = 2\pi/\lambda_2$ から $l = \lambda_2/4$ となり，上式の比を 1 にする整合層(媒質 2)のインピーダンスは $Z_2 = \sqrt{Z_1 Z_3}$ であることが導かれる．これは，両媒質のインピーダンスの相乗平均のインピーダンスを持つ媒質を 1/4 波長だけ挿入すればよいことを示している．この波長は，媒質 2 での波長を基準とする．このインピーダンス整合の考え方は，光学や音響学などの分野で広く応用されており，(1/4 波長)反射防止膜，あるいは 1/4 波長板などと呼ばれる．身近な応用例には，レンズのコーティング，液晶ディスプレーや超音波センサの保護膜などがある．

例題 3.6 レンズのコーティング 可視光線が空気からガラス面に垂直に入射するとき，透過光の強度は約 4% の損失を受ける．板ガラスを通り抜けると，8% 弱くなっている．緑色の光(λ=5500 Å)に対する反射防止膜の厚さを求めよ．

解　空気の屈折率を 1，ガラスの屈折率を 1.5 とすれば，$5500\,\text{Å}/\sqrt{1.5}\fallingdotseq 4500\,\text{Å}$ の 1/4，つまり約 $0.11\,\mu\text{m}$ が求める反射防止膜の厚さである．もし屈折率 $\sqrt{1.5}\fallingdotseq1.22$ の材料が利用できなくても，近い屈折率であれば反射を抑制するのに役立つ．

例題 3.7　整合層での多重反射　減衰がないとすれば，整合層の中で反射が無限に続くことになる．この多重反射の際に生じる媒質 1 と媒質 3 への透過波を重ね合わせて，$l=\lambda_2/4$ と $Z_2=\sqrt{Z_1 Z_3}$ のとき無反射であることを確認しよう．

解　図 3.11 のように左側から振幅 1 の連続波が入射するとし，発生する全ての反射波を重ね合わせてその振幅を Σ とする．整合層内の波は 1 往復毎に半波長の距離を伝播して位相が π だけ遅れるので，これを考慮に入れると，Σ は公比が $-rR'$ の無限等比級数の和として表される：

$$\Sigma = R - TtR'(1-rR'+r^2R'^2-\cdots) = R-\frac{TtR'}{1+rR'} = \frac{R-R'}{1-RR'}$$

$R=R'$，すなわち $Z_2=\sqrt{Z_1 Z_3}$ のとき $\Sigma=0$ となり，確かに無反射である．さらに，上式は $R=R'$ を代入して，

$$\Sigma = R\left[1-(1-R^2)-(1-R^2)R^2-(1-R^2)R^4-(1-R^2)R^6-\cdots\right]$$

と書き直すことができる．1 つの反射波（媒質 2 から媒質 1 への透過波）はそれ以前の反射波をほぼ相殺するが，残差が生じる．その残差を次の反射波が，より小さい残差を生みながら順次打ち消していくという過程が見てとれる．各段階の残差は R のベキ乗であり，零に収束する．接合点での境界条件からエネルギー損失が生じないようにインピーダンス整合の条件を導出したが，整合層の多重反射に注目するとこのようなメカニズムになっている．

一方，透過側の媒質 3 で観測される全透過波の振幅和 Σ' は，$R=R'$ のとき

3.4 インピーダンス整合

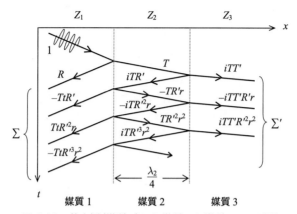

図 3.11 整合層(媒質 2)から媒質 1 と媒質 3 への透過波の重ね合わせ．接合点での反射係数と透過係数は以下のように各インピーダンスによって表される．

媒質 1 → 媒質 2 : $R = \dfrac{Z_1 - Z_2}{Z_1 + Z_2}$, $T = \dfrac{2Z_1}{Z_1 + Z_2}$

媒質 2 → 媒質 3 : $R' = \dfrac{Z_2 - Z_3}{Z_2 + Z_3}$, $T' = \dfrac{2Z_2}{Z_2 + Z_3}$

媒質 2 → 媒質 1 : $r = \dfrac{Z_2 - Z_1}{Z_1 + Z_2} = -R$, $t = \dfrac{2Z_2}{Z_1 + Z_2}$

$$\Sigma' = iTT'(1 - rR' + r^2 R'^2 - \cdots) = i\frac{(1+R)(1+R')}{1 - RR'} = i\frac{1+R}{1-R}$$

となる．$i = \sqrt{-1}$ がつくのは，個々の透過波が 1/4 波長の厚さの整合層を奇数回通過したことによって位相が $\pi/2$ の奇数倍だけ遅れるためである．透過波の振幅は入射波の 1 とは違うが，$Z_2 = \sqrt{Z_1 Z_3}$ のとき $(1+R)/(1-R) = Z_1/Z_2$ になるので，流入出するエネルギーの比は 1 であることが確認できる．エネルギーは損失なく伝達されている．

例題 3.8 壁による音の遮断 壁が音を効率よく遮断するための条件を，式(3.18)をもとに考えよう．

解 壁の両側が同じ空気であることから $Z_1 = Z_3$ を代入すると，式(3.18)は

$$\frac{A_3{}^2}{A_1{}^2} = \frac{4}{4\cos^2 k_2 l + (Z_1/Z_2 + Z_2/Z_1)^2 \sin^2 k_2 l} \tag{3.19}$$

となる．空気と固体の壁の組み合わせであれば $Z_1 \ll Z_2$ とできるので，通常の周波数と壁の厚さに対してこの分母の第1項は第2項に対して無視してもよい．さらに，すぐあとで確認するように $k_2 l \ll 1$ であるので，$\sin k_2 l \fallingdotseq k_2 l$ の近似を用いて，$\dfrac{A_3{}^2}{A_1{}^2} \fallingdotseq \left(\dfrac{2Z_1}{Z_2 k_2 l}\right)^2 = \left(\dfrac{Z_1}{\pi \rho_2 f l}\right)^2$ が得られる．したがって，完全な遮音は不可能であるが，壁の厚さ l とその材料の密度 ρ_2 が大きいほど，さらに周波数 f が高いほど壁が音を遮断することがわかる．波長が壁の厚さに比べて十分長いので，壁の中を音波が伝わるというより音波によって壁が振動している状態である．そのため，慣性抵抗 ($\rho_2 l$) とともに遮音効果が向上すると解釈できる．例えば，1 kHz の音波が厚さ 10 cm のコンクリート壁に垂直入射する場合を考えると，$k_2 l = 2\pi \times 1000\,[\text{sec}^{-1}] \times 0.1\,[\text{m}] \div 3100\,[\text{m/s}] \fallingdotseq 0.2$ である．また，$Z_2/Z_1 \fallingdotseq 10^4$ であるので，ここで使った近似は妥当である．このとき，$A_3/A_1 \fallingdotseq 10^{-3}$ となり，壁によって音の振幅は 1/1000 程度に減じている．

3.5 定在波

楽器の弦などのように両端が剛体に固定された長さ l の一様な弦の振動を調べよう．弦の運動が波動方程式 (3.3) に従うことに変わりはないが，両端での境界条件を考える必要がある．減衰がないとすると両端で反射を繰り返すので，図 3.12 のように運動は両方向に伝わる波の重ね合わせとして表現される．
正弦波を考えれば，

$$y = Ae^{i(\omega t - kx)} + Be^{i(\omega t + kx)} \tag{3.20}$$

である．$x=0$ で $y=0$ の境界条件より，$A = -B$ となるので (位相の反転)，

$$y = Ae^{i\omega t}(e^{-ikx} - e^{ikx}) = -2iAe^{i\omega t}\sin kx$$

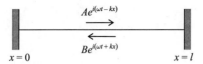

図 3.12 両端が固定された弦の振動.

さらに，$x=l$ で $y=0$ の境界条件を用いると，結局，このときの解は

$$\sin kl = \sin \frac{\omega l}{c} = 0 \tag{3.21}$$

の条件下でのみ存在可能である．整数 n に対して $kl=n\pi$ の条件より，波長が $\lambda_n=2l/n$ のとき，つまり弦長が半波長の整数倍の場合にこのような波が存在することになる ($l=n\lambda_n/2$)．また，これを満足する n 番目の振動は

$$y_n(x,t) = A_n e^{i(\omega_n t + \phi_n)} \sin \frac{n\pi x}{l} \tag{3.22}$$

と表される ($n=1, 2, 3, \cdots$)．振幅 A_n と初期位相 ϕ_n は初期条件から決まる．

このように限られた領域に閉じ込められた波動を，進行波に対して定在波，あるいは固有振動という．また，式(3.21)を満たす $\omega_n=n\pi c/l$ に対応する振動数 $f_n=nc/2l$ を弦の固有振動数，共振周波数などとよぶ．ひとつの固有振動数には定まった振幅の分布が 1 対 1 に対応する．これが基準関数で，今の場合は式(3.22)の $\sin(n\pi x/l)$ である．この振幅分布で生じる，固定端を含む振動しない点を節，最も大きく振動する点を腹という．両端が固定された弦の n 次固有振動には n 個の腹がある．$n=1$ の場合を基本固有周波数，基本モードとよぶ．楽器の場合に音程を決める基準(基音)となる．弦の中央で振動を拘束すると，1 オクターブ上の音，つまり基音の倍音(第 2 倍音)が生じる．順次第 3，第 4 倍音などでは，長さ÷整数 の位置に節ができる(図3.13)．$n>1$ のモードを高調波という．固有振動数と基準関数の組み合わせを基準モードとよぶことは §2.5 の連成振動の場合と同様であるが，弦の基準モードではそれが無限個存在すること，高次の固有周波数が基本固有周波数の整数倍となることが相違点である．楽器が違っても基音の高さが等しければ同じ音階である．高調波の含まれ方によって音色(かたい，柔らかい，など)に違いができる．

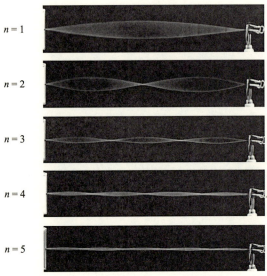

図 3.13 両端をクリップで保持したゴムひも(長さ 175 mm)の固有振動.[写真:大阪大学八重川克利技術職員による]

例題 3.9 一端固定・他端自由の弦 $x=0$ で剛体壁に固定され,他端($x=l$) がインピーダンスの無視できる軽い弦に接続されている弦の基準モードを考えよう.

解 両端固定の弦と同様に,$x=0$ で $y=0$ の境界条件を反映した結果は,$y=-2iAe^{i\omega t}\sin kx$ である.一方,$x=l$ の端は y 方向の力を支えられないので $\partial y/\partial x=0$ でなくてはならない.すなわち,$\cos kl = \cos\dfrac{\omega l}{c}=0$ から n 次の固有振動数は $f_n=\dfrac{(2n-1)c}{4l}$ で,基準関数は $\sin\left[\dfrac{(2n-1)\pi}{2}\dfrac{x}{l}\right]$ で与えられる.このとき,$l=\dfrac{\lambda_n}{4}(2n-1)$ であるので,弦長は 1/4 波長の奇数倍となる.

弦の定在波と類似の議論は,気柱の振動や浅い水槽での静振(☞§6.2)などでも成り立つ.いずれも分散性のない波による振動である.波動方程式に従うという共通点がある.図 3.14 に典型的な 3 つの境界条件を持つ同じ長さの気柱

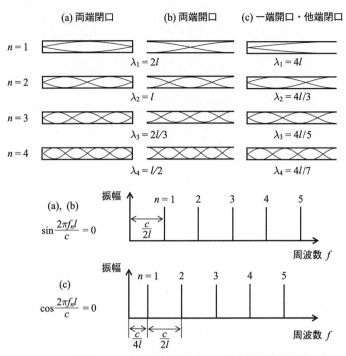

図 3.14 同じ長さ l の気柱の境界条件による共振周波数の違い（c は空気中の音速）．

における基本モードと3つの高次モードを示す．図3.14(b)の共振をリコーダ（図3.15）にあてはめると，窓付近とそこから最も近い開いている音孔が振動の腹となり，この距離を半波長とする音が基音となる．吹き込んだ気流がエッジにあたって圧力変動を作り，このうち開いた音孔の位置を圧力変動の節（変位の腹）とする共鳴モードが楽音となる．開口端や開いた音孔では圧力は大気圧に一致して不変であるが，空気は大きく振動し，変位のひとつの腹となっている．逆に，閉口端では振動できないのでつねに変位の節となる一方で，圧力変動は最大である．

弦に何らかの擾乱を加えると，ある範囲の振動数をもつ無数の正弦波成分の横波が発生し，弦を双方向に伝わる．その後両端からの多重反射波が生じて重

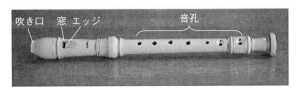

図 3.15　リコーダ．

畳するが，固有振動数以外の成分はランダムな位相を持つために互いに打ち消しあい，ある時間後には消え去ることになる．固有振動数の成分だけが同じ位相で重なり合って定在波を形成し，減衰がなければいつまでも持続する．系が，自分の固有振動数成分だけを選び出していると見ることもできる．したがって，両端が固定された弦の振動は，一般に数多くの基準振動の重ね合わせとなり，式(3.22)から

$$y(x,t) = \sum_{n=1}^{\infty} y_n(x,t) = \sum_{n=1}^{\infty} A_n e^{i(\omega_n t + \phi_n)} \sin \frac{n\pi x}{l} \tag{3.23}$$

によって表現される．

各振動数成分の振幅 A_n と初期位相 ϕ_n がどのように決まるかを調べよう．簡単のため，横変位 y がある関数 $Y(x)$ で表される静止状態から運動が始まったとする．$t=0$ において

$$\begin{aligned} Y(x) &= y(x,0) = \sum_{n=1}^{\infty} A_n e^{i\phi_n} \sin \frac{n\pi x}{l} \\ 0 &= \left.\frac{\partial y}{\partial t}\right|_{t=0} = \sum_{n=1}^{\infty} i\omega_n A_n e^{i\phi_n} \sin \frac{n\pi x}{l} \end{aligned} \tag{3.24}$$

が今の初期条件である．第2式の実部を考えると，各項は $\sin \phi_n$ に比例するが，総和が任意の x について零であるためには $\phi_n=0$ でなければならない．したがって，これを第1式に代入した

$$Y(x) = \sum_{n=1}^{\infty} A_n \sin \frac{n\pi x}{l} \tag{3.25}$$

から振幅 A_n を決めればよい．

振幅 A_n は以下のように決定できる．まず，式(3.25)の両辺に $\sin \dfrac{m\pi x}{l}$ をかけ，弦の全長にわたって積分する．このとき，三角関数の直交性から

$$\int_0^l \sin\frac{m\pi x}{l} \sin\frac{n\pi x}{l} dx = \begin{cases} \dfrac{l}{2} & (n=m) \\ 0 & (n \neq m) \end{cases} \tag{3.26}$$

であるので，$n=m$ 以外の項はすべて零となり，

$$A_n = \frac{2}{l} \int_0^l Y(x) \sin\frac{n\pi x}{l} dx \tag{3.27}$$

が求められる．この計算はフーリエ展開そのものであり，与えられた初期変位 $Y(x)$ から個々の固有振動数の成分だけを抽出する作業にほかならない．

例題 3.10　初期値問題　初期変位 $Y(x)$ が図 3.16 のように与えられたときの弦の振動に関する近似解を求めてみよう．

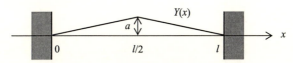

図 3.16　左右対称な初期変位の一例．

解　初期変位は

$$Y(x) = \begin{cases} \dfrac{2a}{l} x & (0 \leqq x \leqq \dfrac{l}{2}) \\ \dfrac{2a}{l}(l-x) & (\dfrac{l}{2} \leqq x \leqq l) \end{cases}$$

と書ける．これを，式(3.27)に代入して積分を実行すると，

$$A_n = \frac{8a}{n^2\pi^2} \sin\frac{n\pi}{2} \tag{3.28}$$

となる．偶数の n については $A_n=0$ である．これを $\phi_n=0$，$\omega_n=n\pi c/l$ とともに式(3.23)の実部に用いれば

$$y(x,t) = \sum_{n=1}^{\infty} \frac{8a}{n^2\pi^2} \sin\frac{n\pi}{2} \sin\frac{n\pi x}{l} \cos\frac{n\pi ct}{l}$$
$$= \frac{8a}{\pi^2}\left(\sin\frac{\pi x}{l}\cos\frac{\pi ct}{l} - \frac{1}{9}\sin\frac{3\pi x}{l}\cos\frac{3\pi ct}{l}\right.$$
$$\left. + \frac{1}{25}\sin\frac{5\pi x}{l}\cos\frac{5\pi ct}{l} - \cdots\right) \tag{3.29}$$

となる.各項が,基音,3倍音,5倍音などに対応する.今考えている初期変位は中央に最大値があるため,図3.13からもわかるように中央に節を持つ n が偶数の成分は励起されない.また,高次になるほど A_n が小さくなり,最初の数個の項でよい近似解となる.ギターの弦をはじくとき,同じ弦でもはじく位置によって音色に違いがあるのは,含まれる倍音の数とその強さの違いに由来することがこの計算結果から推測できる.

3.6 膜を伝わる波

曲げに対して抵抗がなく,少しだけ伸びて張力を生みだすことができる「糸」を弦としてその振動と波動をこれまで論じてきた.同じような素材を平面に展開した膜があったとして,これを伝わる横波を本章の最後に取りあげよう.典型的な2次元波動であり,弦における1次元波動の延長として扱うことができる.

xy 面上に平衡状態のそのような膜があったとする.面内で等方的に加わっている張力を T とする.辺の長さが δx と δy の微小長方形要素には,$T\delta x$ と $T\delta y$ の力が作用している.膜が面外方向に変位 z で変形すれば曲率が生じ,図3.17のように x 方向にはたらく $T\delta y$ の力の不つり合いが垂直方向に $T\delta y \dfrac{\partial^2 z}{\partial x^2} dx$ の力をつくる.また,$T\delta x$ は $T\delta x \dfrac{\partial^2 z}{\partial y^2} dy$ の力をつくる.式(3.2)と同じである.これらの和が,要素の質量と加速度の積に等しいとして

$$\rho \delta x \delta y \frac{\partial^2 z}{\partial t^2} = T\delta y \frac{\partial^2 z}{\partial x^2} dx + T\delta x \frac{\partial^2 z}{\partial y^2} dy$$

が得られる.面密度を ρ とした.これより2次元の波動方程式

3.6 膜を伝わる波

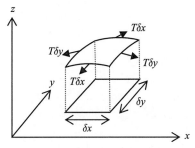

図 3.17 膜の微小要素の振動.

$$\frac{\partial^2 z}{\partial t^2} = c^2 \Delta z = c^2 \left(\frac{\partial^2 z}{\partial x^2} + \frac{\partial^2 z}{\partial y^2} \right) \tag{3.30}$$

に帰着する($c=\sqrt{T/\rho}$).

この方程式が,位置ベクトル $\mathbf{x}(x,y)$ に対して $z(\mathbf{x},t)=A\exp[i(\mathbf{k}\cdot\mathbf{x}-\omega t)]$ の調和波解をもつことは代入してみればわかる.ただし,$\omega/|\mathbf{k}|=\omega/k=c$ である(もう1つの解は $\exp[i(\mathbf{k}\cdot\mathbf{x}+\omega t)]$ である).図 3.18 のように波数ベクトル $\mathbf{k}(k_x,k_y)$ と x 軸のなす角が θ であれば,$k_x=k\cos\theta$, $k_y=k\sin\theta$ であるので $\mathbf{k}\cdot\mathbf{x}=k_x x+k_y y=k(x\cos\theta+y\sin\theta)$ となる.$\xi=x\cos\theta+y\sin\theta$ とおくと,この ξ は原点から $\mathbf{k}$ 方向にある点 $\mathbf{x}(x,y)$ までの距離を与えている.そして,今考えている解は $z(\xi,t)=A\exp(k\xi-\omega t)$ となり,$\mathbf{k}$ 方向に伝わる1次元波動(前進波)と見ることができる.このように,2次元平面波では $\mathbf{k}\cdot\mathbf{x}-\omega t$ が位相であり,同位相の線(図 3.18 の実線と破線)は波数ベクトル $\mathbf{k}$ に垂直で,かつ $\mathbf{k}$ の方向に速度 c で伝播していく.3次元波動では,これが波面となる.

例題 3.11 膜の共振 膜が,大きさ $a\times b$ の長方形の枠に固定されている.共振周波数と振幅分布を求めてみよう.

解 ある波数ベクトル $\mathbf{k}$ をもつ共振が長方形の膜に起こったとする.$\mathbf{k}$ 方向の波長が λ なら,変位 $z=0$ である節線(振動の節をつらねた線)の間隔は $\lambda/2$ である.その x 切片の間隔は $\lambda/(2\cos\theta)$ で,図 3.19 のように辺 a に整数個が含まれる.したがって,

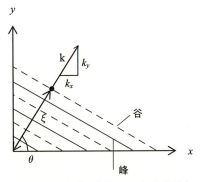

図 3.18 **k** 方向に伝わる 2 次元平面波.

$$\frac{\lambda}{2\cos\theta} = \frac{\lambda}{2} \cdot \frac{k}{k_x} = \frac{\lambda}{2} \cdot \frac{2\pi}{\lambda} \cdot \frac{1}{k_x} = \frac{\pi}{k_x}$$

であることから, $a=m\pi/k_x$ となる. しかも, $x=0$, a において $z=0$ であるので, x への依存性は sin 関数であることもわかる. 同じようにして, $b=n\pi/k_y$ となる. m と n は自然数である. その結果,

$$k^2 = k_x{}^2 + k_y{}^2 = \pi^2\left(\frac{m^2}{a^2} + \frac{n^2}{b^2}\right) = \frac{\omega^2}{c^2} \tag{3.31}$$

によって共振周波数が与えられる. $a \to \infty$ または $b \to \infty$ のとき, 高次モードの共振周波数は基本モードの整数倍であるが, この関係は一般の a と b には成り立たない. また, 以上の考察から

$$z(\mathbf{x}, t) = Ae^{i\omega t} \sin\frac{m\pi x}{a} \sin\frac{n\pi y}{b} \tag{3.32}$$

を導くことができる. 図 3.20 に, いくつか低次の共振モードにおける振幅分布を図示する. モードの次数 (m, n) によって振幅分布が決まり, 共振周波数と振幅分布が 1 対 1 に対応することは連成振動 (図 2.9, 図 2.12) や弦の共振 (図 3.13) と同じである. ただし, $a:b$ が小さい整数比のとき, 異なるモードの共振周波数が一致する場合がある. たとえば, $a=b$ のときの $(1,7)$ と $(5,5)$, $(1,8)$ と $(4,7)$, $a=2b$ のときの $(2,2)$ と $(4,1)$ などである. このような 2 つの組み合わせでは, 同じ共振周波数で 2 つの様式の共振が重畳して起こり, 互いの振幅比と初期位相によ

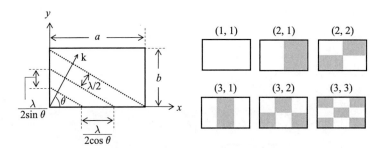

図 3.19 長方形枠に固定された膜の共振．点線は変位が零となる節線を示す．

図 3.20 共振モードの例(長方形膜)．明部と暗部は逆方向の変位であることを示す．

って連続に変化する振幅分布が現れる．

ここでは，2次元波動方程式の解を，平面波の存在を前提として境界条件を考慮しながら特殊な手順で導出した．一般的な解き方に関しては，静振を議論する§6.2を参照されたい．また，§4.2では3次元の波動方程式を変数分離法で解くが，この方法も適用可能である．

太鼓のような円形膜の共振も同様に扱うことができる．付録 A.1 の式(A.6)から面外方向の変位 z に対する波動方程式は

$$\frac{\partial^2 z}{\partial t^2} = c^2 \Delta z = c^2 \left(\frac{\partial^2 z}{\partial r^2} + \frac{1}{r}\frac{\partial z}{\partial r} + \frac{1}{r^2}\frac{\partial^2 z}{\partial \theta^2} \right) \tag{3.33}$$

となる．周方向角度に関しても調和振動する解として $z(r,\theta,t)=R(r)\exp[i(n\theta+\omega t)]$ を仮定する($n=0,1,2,\cdots$)．$R(r)$ の解は2つのベッセル関数(☞付録 A.4)の和として得られるが，うちひとつは $r=0$ で発散するので除くと，結局，円形膜の振動は，$z(r,\theta,t)=AJ_n(kr)\exp[i(n\theta+\omega t)]$ となる．ここで，半径を a とし，外縁 $r=a$ で固定されているとして $z=0$ の境界条件を課すと，$J_n(ka)=0$ となるので，共振角周波数はベッセル関数 J_n の零点から決まる．それらを順に $j_{n,p}$ とすると($p=1,2,3,\cdots$)，$\omega_{n,p}=cj_{n,p}/a$ によって与えられる．弦の場合と違って，高次モードの共振角周波数は基音の整数倍に対応しない．共振モード (n,p) における振幅分布の例を図 3.21 に示す．n は節となる直径の数，p は外縁を含み節となる円の数に相当する．太鼓の中心をたたけば，

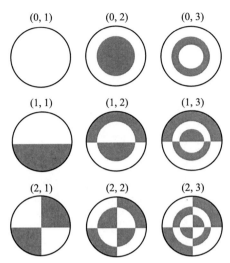

図 3.21 共振モードの例(円形膜)．明部と暗部は逆方向の変位であることを示す．

$n=0$ の一連の共振モードが生じ，中心をはずせば $n \neq 0$ の共振も同時に発生することになる．ティンパニという楽器は太鼓に似るが，膜の中央ではなく縁に近いところをたたいて演奏する．それは，丸底の銅製の胴を密封するように膜をはった構造であるため，内封された空気の体積変化をともなう $n=0$ の軸対称モードの音が響かないことを反映している．

◆第 3 章の演習問題◆

3.1 バイオリンの第 2 弦の線密度を $0.7\,\mathrm{g/m}$ とする．基音がラ($440\,\mathrm{Hz}$)の音を出すには張力をいくらに調整したらよいか．弦の長さは $32.7\,\mathrm{cm}$ である．

解 伝播速度は $c=\sqrt{T/\rho}=f\lambda$ であり，基音では弦長 l が半波長に対応するので，$\lambda=2l$ である．したがって，$T=4\rho f^2 l^2$ の関係に諸量を代入すれば，張力は約 $58\,\mathrm{N}$ となる．

3.2 新幹線など高速鉄道において，列車の走行速度が架線を伝わる横波の伝播速度に近づいていくとどのような問題が生じるか，その対策とともに考察せよ．

解 電車ではパンタグラフが架線に接して電力を受けているが，その際の振動が横

波として架線を伝わる．走行速度が架線を伝わる横波の伝播速度に近づくと，パンタグラフの直前に振動が重畳する．その結果，架線に大きな変形が生じてパンタグラフと離れ，短時間であっても電力供給が途絶えたり，アーク放電による損傷が発生する．最悪の場合には架線が破断する．この問題への対策は $c=\sqrt{T/\rho}$ で示される伝播速度を大きくすることであり，軽量で高張力に耐える架線の開発が要求されている．

3.3 弦に横振動の波が生じると，空気から粘性抵抗を受ける．その大きさが素片の速度に比例すると仮定して波動への影響を調べよ．

解 §2.3 と同じように速度 $\partial y/\partial t$ に比例する抵抗力を考慮すると，式(3.3)の波動方程式は，

$$\frac{\partial^2 y}{\partial t^2} = c^2 \left(\frac{\partial^2 y}{\partial x^2} - 2q \frac{\partial y}{\partial t} \right)$$

と修正される．$c=\sqrt{T/\rho}$ であり，抵抗の大きさを表す q は正の定数である．減衰しながら伝播する波を考えて，$y(x,t)=Ae^{-\alpha x}e^{i(kx-\omega t)}=Ae^{i[(k+i\alpha)x-\omega t]}$ を代入すると，その実部と虚部から $\omega^2=c^2(k^2-\alpha^2)$ と $\alpha=q\omega/k$ が与えられる．この結果，

$$\frac{\omega}{k} = \frac{c}{\sqrt{1+c^2q^2/k^2}}$$

となり，位相速度が $q=0$ のときより減少する．この性質は，減衰が固有角振動数の減少を引き起こす減衰振動の場合に類似する．また，粘性抵抗のために分散性波動となるが，この分散性は低周波数域で顕著である．なお，一般に波の減衰は分散性を伴って生じる．

3.4 閉じた糸の輪が角速度 Ω で高速回転しているとする．糸には遠心力に由来する張力がはたらいて円形を保っている．この輪を伝わる横波の伝播速度を求めよ．糸の質量を m，輪の半径を a とする．

解 糸の線密度は $\rho=m/2\pi a$ である．角度 $d\theta$ に対する円弧の質量が $dm=\rho a d\theta = m d\theta/2\pi$ であるので，遠心力と張力のつりあいから

$$\frac{ma\Omega^2 d\theta}{2\pi} = 2T\sin\frac{d\theta}{2} \fallingdotseq T d\theta$$

が成り立つ．これより張力が $T=ma\Omega^2/2\pi$ であることがわかる．$c=\sqrt{T/\rho}$ に代入すると，伝播速度は $c=a\Omega$ となる．つまり，糸の周方向速度に等しい．回転方向と逆方向に伝わる波は同じ位置に留まり，同じ方向には 2 倍の速度で伝わるように見えるはずである．

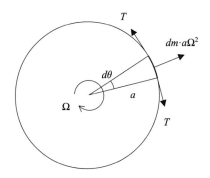

3.5 図3.5のように，$x=0$ にある弦の端に横方向の力 F_y が作用して正弦波 $y=A\cos(kx-\omega t)$ が作られたとする．この駆動力が弦に供給するエネルギーと波がもつエネルギーを比較せよ．

解 F_y と張力 T とのつりあいは，式(3.10)から

$$F_y = -T\sin\theta \fallingdotseq -T\theta = -T\left(\frac{\partial y}{\partial x}\right)_{x=0} = -kTA\sin\omega t$$

で表される．駆動力が dt の時間内にする仕事 dW は，この F_y と $\partial y/\partial t = \omega A\sin(kx-\omega t)$ を使って

$$dW = F_y dy|_{x=0} = F_y \left.\frac{\partial y}{\partial t}\right|_{x=0} dt = \omega kTA^2\sin^2\omega t\,dt$$

と計算できる．1周期については，$t=0$ から $t=2\pi/\omega$ まで積分して

$$W = \int_0^{2\pi/\omega} \omega kTA^2\sin^2\omega t\,dt = \frac{1}{2}TA^2\times 2\pi k = \frac{\lambda}{2}\rho(\omega A)^2$$

となる．$T=\rho c^2=\rho(\omega/k)^2$ と $\lambda=2\pi/k$ を使った．この W は，式(3.9)で与えられる1波長あたりの全エネルギー($K+U$)に等しい．当然のことではあるが，供給されるエネルギーと波がもつエネルギーは一致する．

気体中の音波

　縦波は，固体・液体・気体・プラズマのすべてに共通して存在する最も基本的な波であるが，気体中を伝わる縦波をとくに音波とよぶ．気体中を縦波が伝わるとき伝播方向に粒子が振動するので膨張と収縮が交互に起き(図 4.1)，体積・圧力そして温度の変動が媒質中を伝わる．疎密波でもある．この章では，気体がもつ圧縮性に重点をおき，粘性や熱伝導性は無視できるとして，理想気体中の音波に関する諸現象を考察しよう．

　まず，流体力学の基礎式と状態方程式から音波の方程式(波動方程式)を導き，音速が気体のどの物理量から決まるかを見る．音波そのものは非分散性であるが，パイプやダクトの内部を伝わる場合には内壁での多重反射のために分散性波動となることをつぎに議論する．また，容器に閉じ込められた空気がばねとして機能するヘルムホルツ共鳴について，実験結果を交えながら解析する．水中音波は，気体中の音波と同じようにその圧縮性を復元力とするので本章で取り上げ，これに関連した水撃現象について述べる．本書では線型近似を適用して微小振幅の波動を扱うが，唯一の例外としてこの近似が成り立たない

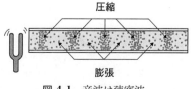

図 4.1　音波は疎密波．

有限振幅の音波を最後に取り上げ，衝撃波に成長していくメカニズムを説明する．

【キーワード】

音　sound
音波　sound wave, acoustic wave
音速　sound velocity
体積弾性率　bulk modulus
圧縮性　compressibility
平均熱速度　thermal velocity
平均自由行程　mean free path
導波管　waveguide, sound channel
分散曲線　dispersion curves
エバネッセント波　evanescent wave
遮断周波数　cut-off frequency

マフラー　muffler
ヘルムホルツ共鳴器　Helmholtz resonator
純音　pure tone
水撃現象（ウォーターハンマー）　water hammer
有限振幅音波　sound of finite amplitude
非線型効果　nonlinear effects
エネルギー散逸　energy dissipation
衝撃波　shock, shock wave

4.1　音波の方程式

1次元の音波，つまり平面波に限定して波動方程式を導こう．気体中の音波にともなって変動する物理量として，粒子速度$u(x,t)$，密度$\rho(x,t)$，圧力$p(x,t)$を考える．平面波では，波が進む方向にとったx座標と時間tのみに依存する．支配する基礎式は，連続の式(質量の保存．☞付録C.1)，運動方程式(運動量の保存．☞付録C.2)，および状態方程式で，それぞれ

$$\frac{\partial \rho}{\partial t}+\frac{\partial}{\partial x}(\rho u)=0 \tag{4.1}$$

$$\frac{\partial u}{\partial t}+u\frac{\partial u}{\partial x}=-\frac{1}{\rho}\frac{\partial p}{\partial x} \tag{4.2}$$

$$p=k\rho^{\gamma} \tag{4.3}$$

と書ける．式(4.3)は断熱変化の仮定に基づくが，その仮定の妥当性は例題4.1で検証する．γは比熱比，kは正の定数である(波数ではない)．

これらの物理量を，静止状態と音波に伴う変動にわけて考える(一様速度で流れている場合は，その速度で移動する座標系に乗って考えればよい)．

4.1 音波の方程式

$$u = 0 + \tilde{u}$$
$$\rho = \rho_0 + \tilde{\rho} \tag{4.4}$$
$$p = p_0 + \tilde{p}$$

ここで，ρ_0 と p_0 は静止状態での密度と圧力であるが，これらに比べて音波による変動量は十分小さいことを仮定して($\rho_0 \gg |\tilde{\rho}|$, $p_0 \gg |\tilde{p}|$)，線型近似を行う．つまり，変動量の 1 次の項だけを残し，高次の微小量を無視する．これは必ずしも特殊な場合を扱うことにはならない．というのは，健常者は 1 kHz で 2×10^{-5} Pa の圧力変動(音圧)を聴きとることができるからである．1 気圧 $\fallingdotseq 10^5$ Pa であるから，大気圧の約 10^{-10} 倍の圧力変動に相当する[*1]．

式(4.1)と式(4.2)を，(~)のついた変動量に関して線型近似すれば

$$\frac{\partial \tilde{\rho}}{\partial t} + \rho_0 \frac{\partial \tilde{u}}{\partial x} = 0 \tag{4.5}$$

$$\frac{\partial \tilde{u}}{\partial t} = -\frac{1}{\rho_0} \frac{\partial \tilde{p}}{\partial x} = -\frac{c^2}{\rho_0} \frac{\partial \tilde{\rho}}{\partial x} \tag{4.6}$$

となる．ここで，式(4.3)から得られる

$$\frac{\partial \tilde{p}}{\partial x} = \frac{\partial p}{\partial x} = \left.\frac{dp}{d\rho}\right|_S \frac{\partial \rho}{\partial x} = c^2 \frac{\partial \tilde{\rho}}{\partial x} \tag{4.7}$$

を使った．最後に，式(4.5)と式(4.6)から $\tilde{\rho}$ を消去すれば，

$$\frac{\partial^2 \tilde{u}}{\partial t^2} = c^2 \frac{\partial^2 \tilde{u}}{\partial x^2} \tag{4.8}$$

のように音波の方程式に至る．c^2 の中身に相違があるが，式(3.3)と同じ波動方程式である．逆に，$\tilde{u}$ を消去すれば $\tilde{\rho}$ に対する波動方程式が得られる．圧力についても同じである．

この c が音速で，状態方程式 $pV = nRT$ を使うと

$$c^2 = \left.\frac{dp}{d\rho}\right|_S = k\gamma\rho^{\gamma-1} = \frac{\gamma p}{\rho} = \frac{\gamma RT}{M} \tag{4.9}$$

[*1] 可聴音圧の範囲は，2×10^{-5} Pa(0 dB)〜2×10^2 Pa(140 dB)とされている．このように音圧 P をデシベル dB$=20\log(P/P_0)$ で表現するが，この基準音圧 P_0 には 2×10^{-5} Pa が適用される．

になる．すなわち，音速は，気体1モルあたりの質量 M と比熱比 γ を通して気体の種類に，さらに絶対温度 T に依存する．分子量の小さい気体，温度の高い気体で音速が大きくなる．$R=8.314\,\mathrm{J/(mol\cdot K)}$ は気体定数である．温度を 20℃ として空気の $M=2.89\times10^{-2}\,\mathrm{kg/mol}$ と $\gamma=1.4$ を代入すると，$c=343.6\,\mathrm{m/s}$ が得られる．

式(4.5)と式(4.6)から $\tilde{u}$ と $\tilde{p}$ の関係を求めると，$\tilde{p}/\tilde{u}=\pm\rho_0 c$ となる．複号は伝播方向の正負に対応する．前進波では，式(4.6)から $\rho_0 c\dfrac{\partial \tilde{u}}{\partial x}=\dfrac{\partial \tilde{p}}{\partial x}$ であることから(+)である．圧力変動(入力)が粒子速度(出力)を引き起こすと考えることができるので，前章と同様にインピーダンス $Z=\rho_0 c$ を定義する．これを音響インピーダンスとよぶことはすでに述べた(§3.3)．

気体に圧力が加わると体積が減少する．ばねに力がはたらいて伸び縮みするのと同じである．ばね定数に相当するのが，気体の弾性的抵抗(圧縮されにくさ)で，これが音波をつくる復元力の大きさを決める．この物理量を体積弾性率 $K(>0)$ という．K は，気体に加わった圧力変動 dp とそれによる体積 V の変化率(体積ひずみ) dV/V の比として定義される．

$$K=-\frac{dp}{dV/V}=-V\frac{dp}{dV} \tag{4.10}$$

である(負号を付けるのは K を正の値で表現するため)．変動がゆるやかな準静的変化に対しては，十分な時間が与えられるので温度が均一になることから等温変化であり，$pV=$ 一定とできる．$pdV+Vdp=0$ となり，$K|_T=p$ が導かれる．気体の圧力そのものが K になる．一方，高い周波数での変動では，局所的な温度変化が周囲に伝わる時間がなく，事実上断熱変化となっている．音波が作る圧縮部では温度が上昇，膨張部では低下する．圧力変動は，この温度変化のためボイルの法則から導かれる値より大きくなる．このためより大きな復元力が生じて，音速が大きくなる．すなわち，断熱変化では，$pV^\gamma=$ 一定であるので，$dp/dV+\gamma p/V=0$ から $K|_S=\gamma p$ となる．これを使えば音速を $c^2=K|_S/\rho=\gamma p/\rho$ と書くことができる[*2]．音速は，各種気体の比熱比 γ を

[*2] 正しい音速を与えるこの式はラプラス(Pierre-Simon Laplace)が1816年に示した．ニュートン(Isaac Newton)は，1687年に音速の式を『プリンキピア』(*Principia*)に発表したが，等温変化を前提としていたためその後の実験結果を説明できなかった．なお，ニュー

実験的に決定する手段を提供している．

　液体中を伝わる音波もやはりその圧縮性を復元力としている．気体に比べると非常に大きい体積弾性率であるが，無限大の体積弾性率をもつ液体，つまり非圧縮性流体は現実には存在しない．非圧縮性流体は，音速よりゆるやかな運動を説明するのに用いられる近似である．なお，水中音波の音速は，特異な温度依存性を示す．多くの液体では温度とともに音速が単調に減少するが，水では 0℃ の 1403 m/s から温度上昇とともに増加して約 73℃ で最大値 1555 m/s をとり，その後 100℃ での 1543 m/s まで減少する．これは，水分子が水素結合のために二重構造(モノマーとクラスター)をとることに起因している．

例題 4.1　断熱変化の妥当性　音波の方程式(4.8)を導出するために仮定した断熱変化は正しかったかを検証してみよう．

解　断熱変化であるためには，熱移動の速度 ≪ 音速でなければならない．熱移動は，気体分子同士の衝突によって互いに運動エネルギーを受け渡すことによって生じる．音速 $c=\sqrt{\gamma RT/M}$ は分子が並進運動する平均速度(平均熱速度)$\bar{v}=\sqrt{3RT/M}$(☞付録 C.3)より小さいのでこの仮定は破綻しているかに見える．しかし，気体分子は単位時間内に直線的にこの距離を移動するのではなく，多数回の衝突を経てジグザグ運動している．1 回の衝突から次の衝突までの間に分子が移動する平均距離(平均自由行程)を，常温常圧の空気中での $\bar{v} \fallingdotseq 500$ m/s と衝突頻度 10^9 sec^{-1} から計算すれば 10^{-4} mm のオーダとなる．一方，可聴音の最短波長は 20 kHz の 17 mm である．半波長が圧縮部と膨張部の距離であることを考えると熱移動はほとんどなく，断熱変化が適切な仮定であったことがわかる．

例題 4.2　気泡を含む水の音速　多くの小さな気泡を含む水の体積弾性率を求め，それをもとに音速を計算してみよう．

トンの時代には，等温過程と断熱過程の考え方はまだ確立していなかった．

解 空気と水の諸量に添え字 a と w をつけて表示する．全体積は $V=V_a+V_w$ である．圧力変動 dp に対して，空気と水にそれぞれ式 (4.10) に従う体積変化が生じると考えると，$K_a=-V_a dp/dV_a$, $K_w=-V_w dp/dV_w$ である．これより，全体の体積変化は $dV=dV_a+dV_w=-(V_a/K_a+V_w/K_w)dp$ となり，混相流体全体の体積弾性率が

$$\overline{K} = -V\frac{dp}{dV} = \frac{V}{V_a/K_a+V_w/K_w} \tag{4.11}$$

で与えられる．また，平均密度は

$$\overline{\rho} = \frac{\rho_a V_a + \rho_w V_w}{V} \tag{4.12}$$

であるので，気泡の体積分率を α で表せば，混相流体中の音速は

$$\overline{c}^2 = \frac{\overline{K}}{\overline{\rho}} = \frac{1}{\left(\dfrac{\alpha}{K_a}+\dfrac{1-\alpha}{K_w}\right)[\alpha\rho_a+(1-\alpha)\rho_w]} \tag{4.13}$$

となる．

音速 $\overline{c}$ の気泡体積分率 α への依存性を図 4.2 に示す．$K_w=2.22\times 10^9$ N/m^2, $\rho_w=1.0\times 10^3$ kg/m^3, $K_a=0.14\times 10^6$ N/m^2, $\rho_a=1.21$ kg/m^3 とした[*3]．K_a は，大気圧と比熱比の積である．ここで，$K_w \gg K_a$, $\rho_w \gg \rho_a$ であることから，$\alpha \to 0, 1$ の場合を除いて

$$\overline{c}^2 = \frac{K_a}{\alpha(1-\alpha)\rho_w} \tag{4.14}$$

の近似式が成り立つ．この結果，気泡を含む水の音速は，空気の体積弾性率と水の密度をもつ仮想的な物質における音速を $1/\sqrt{\alpha(1-\alpha)}$ 倍した値をとる．α の広い範囲で，空気あるいは水だけの場合より極端に小さい音速になる．最小値は，$\alpha=0.5$ のときの 23.7 m/s である．質量の大きい水が，体積弾性率の小さい (圧縮率が大きい) 空気をばねとして振動するのでこのような予想外の結果となった．

[*3] 水深 10000 m のマリアナ海溝では約 1000 気圧の水圧である．この圧力に対しても，水の体積ひずみは -4.5% 程度でしかない．

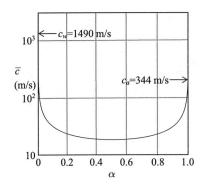

図 4.2 気泡を含む水の音速.

4.2 導波管

音や波に空間内を自由に伝播させず,1次元または2次元領域に限定する役割を果たすものを導波管という[*4]. 幾何学的な減衰が少ない,あるいは全くないため,波動は導波管に沿って長い距離を伝わることができる. 光ファイバは光波の,棒や板は弾性波(☞§5.5, §5.6)の導波管である. また, 表面波(固体表面のレイリー波☞§5.4, 水の表面波☞§6.3)にとって半無限体の自由表面は広い意味での導波管とみなすことができる.

導波管を伝わる音波の特徴を知る一例として $a \times b$ の長方形断面をもつ無限に長いダクト内を,その長手(z)方向に伝わる音波を調べよう(図 4.3). ダクト内壁は音波にとっては剛体壁で,音波はこの内部に閉じ込められる. 圧力変動 $\tilde{p}$ は一般に (x,y,z,t) の関数で,

$$\frac{\partial^2 \tilde{p}}{\partial t^2} = c^2 \left(\frac{\partial^2 \tilde{p}}{\partial x^2} + \frac{\partial^2 \tilde{p}}{\partial y^2} + \frac{\partial^2 \tilde{p}}{\partial z^2} \right) \tag{4.15}$$

の3次元の波動方程式に支配される. 変数分離し, ひとつの調和波解を $\tilde{p}(x,y,z,t) = f(x)g(y)h(z)\exp(i\omega t)$ とおいて代入すれば,3つの未知関数には

[*4] 電磁波が長方形または円形断面の細い金属パイプによって伝送されることから生じた用語. その場合の分散性や遮断周波数などの考え方は,音波や弾性波などに共通する.

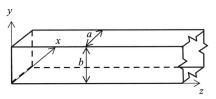

図 4.3 長方形断面のダクト.

$$\frac{f''}{f} = -\frac{g''}{g} - \frac{h''}{h} - \frac{\omega^2}{c^2} \tag{4.16}$$

の関係がある.ここで $''$ は 2 階微分を表す.左辺は x のみの,右辺は y と z の関数であるから,等式がつねに成立するためには,これらは定数でなくてはならない.この定数を $-\alpha_x^2$ とおくと,$f'' + \alpha_x^2 f = 0$ となり,その解は $f = A_x \cos \alpha_x x + B_x \sin \alpha_x x$ (A_x, B_x は定数) となる.音波においては圧力勾配がその方向の粒子速度を作るから,ダクト内壁に垂直な速度成分が零という境界条件は,$x = 0, a$ で $\partial \tilde{p}/\partial x = 0$ にほかならない.これを用いて,$B_x = 0$ と $\alpha_x = m\pi/a$,すなわち $f(x) = A_x \cos(m\pi x/a)$ となる.同様にすると,$g(y) = A_y \cos(n\pi y/b)$ が得られる ($m, n = 0, 1, 2, \cdots$).A_x と A_y は,振幅である.この結果,関数 $h(z)$ に対する微分方程式が

$$\frac{d^2 h}{dz^2} + \left[\frac{\omega^2}{c^2} - \pi^2 \left(\frac{m^2}{a^2} + \frac{n^2}{b^2}\right)\right] h = 0 \tag{4.17}$$

となり,振幅の表示を整理して最終的に

$$\begin{aligned}
\tilde{p}(x, y, z, t) &= \cos\left(\frac{m\pi x}{a}\right) \cos\left(\frac{n\pi y}{b}\right) \left(A_{mn} e^{i(k_z z - \omega t)} + B_{mn} e^{i(k_z z + \omega t)}\right) \\
k_z &= \sqrt{\frac{\omega^2}{c^2} - \pi^2 \left(\frac{m^2}{a^2} + \frac{n^2}{b^2}\right)} \\
&\text{あるいは} \frac{\omega}{k_z} = c\sqrt{1 + \frac{\pi^2}{k_z^2}\left(\frac{m^2}{a^2} + \frac{n^2}{b^2}\right)}
\end{aligned} \tag{4.18}$$

の解を得る.

　位相速度 ω/k_z は,したがって気体の音速 c,断面寸法 $a \times b$ とともにモードの次数 (m, n) に依存する.平面波解 ($m = n = 0$) では,圧力変動は断面内で一

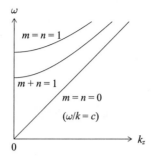

図 4.4 正方形断面ダクト内の音波の分散曲線
(低次の 3 つのモード).

様で,粒子は z 方向にのみ振動する.粘性を無視しているのでダクト内壁は音波に全く影響を及ぼさず,このときの位相速度は音速 c に等しい.図 3.14 で示した気柱の共振周波数は,この平面波を前提としている.

一方,非平面波解(高次モード)の波面は文字通り平面ではなく,圧力は断面内で cos 関数に従う分布を示す.粒子速度も 3 方向に成分をもち,位相速度は (m,n) に依存した分散性を示す.図 4.4 は正方形断面の場合の分散曲線である.平面波解とは異なり,ある特定の ω 以上で伝播できることから,xy 面内では共振,z 軸方向には進行波という 2 つの側面を併せもった波動である.

このような高次モードはダクト内での多重反射によって形成されるが,その挙動を少し詳しく見るために,最も簡単な $m=1, n=0$ の前進波(式(4.18)第 1 式の第 1 項)を取り上げよう.このとき,式(4.18)は

$$\tilde{p}(x,z,t) = A_{10} \cos\left(\frac{\pi x}{a}\right) e^{i(k_z z - \omega t)}$$
$$k_z = \sqrt{\frac{\omega^2}{c^2} - \frac{\pi^2}{a^2}}$$
(4.19)

と簡単になる.ここで,$k_{x1}=\pi/a$ とおけば $(\omega/c)^2 = k_{x1}^2 + k_z^2 = |k|^2$ であり,さらに $\cos k_{x1} x = (e^{ik_{x1}x} + e^{-ik_{x1}x})/2$ を用いると,式 (4.19) の第 1 式は

$$\tilde{p}(x,z,t) = \frac{A_{10}}{2} \exp\left[i(k_{x1}x + k_z z - \omega t)\right] + \frac{A_{10}}{2} \exp\left[i(-k_{x1}x + k_z z - \omega t)\right]$$
(4.20)

と書くことができる.$\omega/c > k_{x1}$ のとき k_z は実数であり,式(4.19)の解は $\mathbf{k}=$

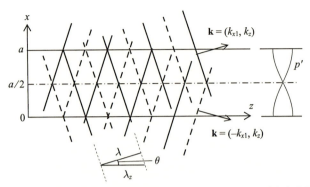

図 4.5 ダクト内の非平面波解 ($m=1$, $n=0$) と 2 つの正弦波成分
(実線と破線で正弦波(圧力)の峰と谷を表す).

($\pm k_{x1}, k_z$) の波数ベクトルをもち，図 4.5 のように右斜め上方と下方に伝わる 2 つの平面波の組み合わせになっていることが示された．振幅 $A_{10}/2$ と角振動数 ω は共通である．2 つの圧力波は，ダクト内壁 ($x=0, a$) において同位相で斜め方向に反射し，そこで圧力変動は最大になる．その結果，粒子速度は零となり，境界条件を満たす．また，中央面 ($x=a/2$) では互いに逆位相であるため，重ね合わせると圧力変動は相殺して零になるが粒子速度の変動は最大となる．中央面は $n=0$ のすべてのモードについて圧力の節となっている．

さらに別の見方をするために，斜め上方に向かう平面波に注目しよう．図 4.6 で，その波数ベクトル $\mathbf{k}=(k_{x1}, k_z)$ と z 軸がなす角が θ であり，ある時刻にこの平面波の波面が AB の位置にあったとする．ダクト内壁上の点 A を出た音波は点 C と点 D で反射する経路でダクト内を伝わり，点 D で点 B を出た音波と重なる．角度 θ は任意に選べるわけではなく，斜め上方に伝播する波がひとつの平面波を形成するために，点 A と B からの波が点 D で同位相，すなわち行路差 (2AC−BD) が無限媒質中の波長 λ の整数倍となるように決まる．この条件は，$AC=a/\sin\theta$, $BD=2a\cos^2\theta/\sin\theta$ から

$$2a\sin\theta = m\lambda \tag{4.21}$$

であり，ブラッグの回折条件と同じ表式になる．この条件を満たす平面波が多重反射を経て重畳して高次モードが作られている．

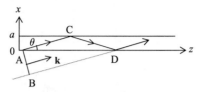

図 4.6 多重反射による高次モードの形成.

平面波の伝播方向を与える角度 θ は，図 4.5 に示すようにダクトの長手方向の見かけの波長 λ_z に対して，$\cos\theta = \lambda/\lambda_z = k_z/|\mathbf{k}| = 1/\sqrt{1+\pi^2/k_z^2 a^2}$ である．この θ を使うと，高次モードの位相速度 ω/k_z は $c/\cos\theta$ になり，位相速度は音速より必ず大きいことになる．音速より早く位相が伝わることは矛盾しているように思える．この問題はエネルギーが伝わる群速度とともに例題 6.5 でもう一度考察しよう．

$\omega/c < k_{x1}$ であれば，式 (4.19) の第 2 式で k_z は純虚数になり，

$$\tilde{p}(x,z,t) = A_{10}\cos\left(\frac{\pi x}{a}\right)\exp\left(-\sqrt{\frac{\pi^2}{a^2}-\frac{\omega^2}{c^2}}\,z\right)e^{-i\omega t} \qquad (4.22)$$

のように音波は z 方向に伝播せず，波源から指数関数的に減衰する．この状態の波をエバネッセント波という．一般の (m,n) については，$\omega^2/c^2 < \pi^2(m^2/a^2 + n^2/b^2)$ の条件下で，このような非伝播モードが生じる．この臨界の周波数が遮断周波数で，ダクト内の共振周波数に相当する．含まれる c は異なるが，遮断周波数を与えるこの式は膜の共振周波数を与える式 (3.31) と同形である．

4.3 ヘルムホルツ共鳴器

ペットボトルやビールびん，フラスコなどの開口部に横から息を吹きかけると，低く力強い音を発生させることができる．空であれば音は低く，内容物があるとその量に応じて高くなる．この音の高さが何から決まるかを調べよう．

このように音が発生しているとき，容器はヘルムホルツ共鳴器として作用し，閉じ込められた大きな体積の空気はばねとしての役割を果たしていると考

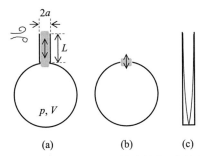

図 4.7 単純な形状のヘルムホルツ共鳴((a), (b))と一端開口・他端閉口の気柱の基本固有振動((c)).

えられる．図 4.7(a) で，発生している音の波長が首部分の長さ L より十分大きいことを仮定すると(この点はつぎの例題 4.3 で具体例によって確認する)，この首部の空気が一体となって上下に振動し，ピストンとして大きな体積をもつ内部の空気に圧縮・膨張を与えていると考えることができる．この「ピストン」の質量 m は，断面積を $S=\pi a^2$ とすれば，$m=\rho SL$ である．しかし，実際には首部分だけでなく開口部周辺の空気も付加的に振動するので(図 4.7(b) のように $L=0$ でも音は発生する)，有効な長さとして $L'=L+1.5a$ と補正して，$m=\rho SL'=\rho S(L+1.5a)$ とする．

外部の圧力変動によってピストンが内部に向かって x だけ押し込まれると容器内の空気(体積 V)には $\Delta V/V=Sx/V$ の体積ひずみ(圧縮)が生じる．断熱体積弾性率が $K|_S=\gamma p$ であることから，これに伴って圧力は $\Delta p=\gamma p \times Sx/V$ だけ増加し，ピストンは上向きの大きさ ΔpS の力を受ける．このときの力のつり合いは，

$$\rho SL' \frac{\partial^2 x}{\partial t^2} + \frac{\gamma p S^2}{V} x = 0 \tag{4.23}$$

と書ける．つまり，変位 x は単振動の式(2.1)に従うことになる．したがって，この固有角振動数 ω_0 は，

$$\omega_0{}^2 = \frac{\gamma p}{\rho} \frac{S}{VL'} = c^2 \frac{S}{VL'} \tag{4.24}$$

となり，音速 c と容器各部のサイズから決まる．入り口に加えられた気流が作

る圧力振動のうち，この周波数だけが選択されて共鳴し，大きな音となる．容器が相似形であれば，大きさに逆比例して共振周波数は大きくなる．

　ふたをはずしたペットボトルを手に持っていると，駅や空港などのアナウンスに反応して容器が振動するのを感じることがある．環境音に含まれる自分の固有振動数成分で容器が共鳴しているのである．また，口笛もヘルムホルツ共鳴と見ることができそうである．口蓋と舌でできる空間が体積 V をつくり，すぼめた唇の先に渦が作る圧力変動のうち固有角振動数の成分だけを拾って鳴っている．高音を出したいときは，空洞を小さくし，同時に早い気流を作って音源に高周波成分を増加させていると考えられる．ヘルムホルツ共鳴器は，かつて混合音のさまざまな倍音を分析するのに使われた．今日では電子的な周波数解析器に置き換わったが，スピーカーや建築物の吸音装置などの技術として利用されている．

例題 4.3　気柱共振との比較　図 4.8 は，半径 30.6 mm，首部が L=40.6 mm，a=7.9 mm の球形フラスコで発生させた音の波形と振幅スペクトルである．この音が，図 4.7(c) のような気柱の共振ではなく，ヘルムホルツ共鳴であることを確認しよう．

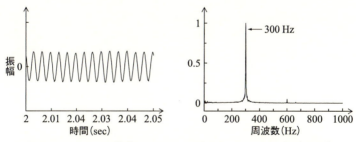

図 4.8　フラスコを共鳴させたときの波形とスペクトル（任意単位）．

解　ヘルムホルツ共鳴とした場合の固有角振動数 ω_0 は，c=344 m/s として式 (4.24) から

$$\omega_0 = 344 \times \sqrt{\frac{\pi \times 0.0079^2}{\frac{4}{3}\pi \times 0.0306^3 \times (0.0406 + 1.5 \times 0.0079)}}$$

$$\fallingdotseq 1920 \text{ rad/s}$$

と計算でき，共振周波数は $f_0=\omega_0/2\pi=306$ Hz となる．一方，フラスコの縦方向に伝播し，開口部と底で反射する音波の共振(§3.5)の基本固有振動数は，気柱長さ(101.8 mm)が 1/4 波長に相当するので約 845 Hz と計算できる．測定された周波数は約 300 Hz であることから，観測した音は気柱としての共振ではなく，ヘルムホルツ共鳴であることが確認できる．

このとき，波長は $\lambda=c/f_0=1.13$ [m]$\gg L=0.0406$ [m] であるので長波長の仮定は適切であったことになる．この実験でもわかるようにヘルムホルツ共鳴による発生音は純音[*5]であり，弦の定在波のような倍音は含まれていない．図 4.8 のスペクトルにある 600 Hz 付近の小さなピークは，信号処理に原因がある．

4.4 水撃現象

水撃現象(ウォーターハンマーともいう)は，各種プラント・工場さらには一般の住宅でも洗濯機や食器洗い機などの使用時に日常的に起こっている．多くの場合不快な音を発生させるだけですむが，ごくまれに配管破損の原因となる．この作用は，管路内を流れていた流体の運動を，弁の急な閉鎖などによって停止させたときに発生する．圧力変化が大きいので水が圧縮性を示して体積変化し，その結果水の持っていた運動エネルギーが水の体積変化と管壁の弾性変形を引き起こし，水と管壁のひずみエネルギーに変換される現象である．

図 4.9 において管端の弁を急に閉めて流れていた水の運動を止めた瞬間，弁に接していた水の圧力は急上昇する．続いて，この部分がすぐ隣の部分の流れを阻止し高圧力の状態が次々と圧縮波となって管を溯って行く．変位にすれ

[*5] 純音の身近な例としては，ほかに時報(440 Hz と 880 Hz)，音叉の音などがある．

4.4 水撃現象

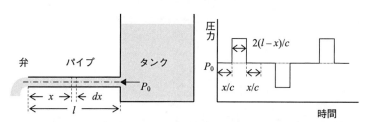

図 4.9 タンクにつながった管路と弁から距離 x の位置における圧力変動.

ば右向きの音波である．この水中音波は，管のインピーダンスがタンクより大きいため，演習問題 4.1 と同様にタンクとの接続部で同位相（右向き変位のまま）で反射して膨張波として管を逆方向に伝わる．弁にまで達すると，ここでは閉口端からの反射が起こり，低圧力の膨張波がタンクに向かって伝わって行く．この現象が順次繰り返される．したがって，管の各部分では音波が減衰するまで，圧縮と膨張が交互に生じる．その周期は $4l/c$ である（c は伝播速度）．水撃現象の影響を低減するには，徐々に閉鎖する弁を使用する，管路の途中に「空気だまり」を設ける，などの処置をとればよい．

弾性管と水が連成したこの圧力波の伝播速度 c は，管内を平面波とみなせる音波が伝わると考えて以下のように導くことができる．管の断面積 $A=\pi D^2/4$ が圧力によって変化することを考慮した連続の式と運動方程式は，付録 C.1 と C.2 から

$$\frac{\partial (\rho A)}{\partial t} + \frac{\partial}{\partial x}(\rho A u) = 0 \tag{4.25}$$

$$\frac{\partial u}{\partial t} + u\frac{\partial u}{\partial x} = -\frac{1}{\rho}\frac{\partial p}{\partial x} - \frac{p}{\rho A}\frac{\partial A}{\partial x} \tag{4.26}$$

となる．まず，局所的な圧力変動 dp による内径変化 dD を周方向のひずみ dD/D に結びつける必要がある．管の肉厚を b とすれば周方向応力（フープストレス）の増分は $Ddp/2b$ であるので両者の関係は，ヤング率 E を用いて $\frac{dD}{D} = \frac{Ddp}{2bE}$ である．これより管断面積の増分 dA は

$$dA = A\frac{Ddp}{bE} \tag{4.27}$$

となる．次に，式(4.10)の関係に $\rho dV + V d\rho = 0$ を用いると

$$d\rho = \frac{\rho}{K} dp \tag{4.28}$$

が得られる．以上から，内径 A と密度 ρ の変化を圧力の変化 dp に換算できることになる．

式(4.25)を展開し，式(4.27)，(4.28)を用いて得られる

$$\left(\frac{1}{K} + \frac{D}{bE}\right)\left(\frac{\partial p}{\partial t} + u\frac{\partial p}{\partial x}\right) = -\frac{\partial u}{\partial x} \tag{4.29}$$

と式(4.26)は，それぞれ $\frac{\partial p}{\partial t} \gg u\frac{\partial p}{\partial x}$，$\frac{\partial u}{\partial t} \gg u\frac{\partial u}{\partial x}$ の線型近似の結果

$$\left(\frac{1}{K} + \frac{D}{bE}\right)\frac{\partial p}{\partial t} = -\frac{\partial u}{\partial x} \tag{4.25'}$$

$$\frac{\partial u}{\partial t} = -\frac{1}{\rho}\frac{\partial p}{\partial x} - \frac{p}{\rho A}\frac{\partial A}{\partial x} \tag{4.26'}$$

となる．この近似は，粒子速度(の絶対値)が伝播速度より十分小さいことに相当する．この2式から p と u のいずれか一方を消去すれば，やはり波動方程式

$$\frac{\partial^2 u}{\partial t^2} = c^2 \frac{\partial^2 u}{\partial x^2}, \quad \frac{\partial^2 p}{\partial t^2} = c^2 \frac{\partial^2 p}{\partial x^2} \tag{4.30}$$

に至る．この途中で $(\partial p/\partial x)^2$ などを無視した．ここで c は管に沿う圧力波の伝播速度である：

$$c = \sqrt{\frac{K}{\rho} \bigg/ \left(1 + \frac{KD}{bE}\right)} \tag{4.31}$$

この伝播速度は水中音速 $\sqrt{K/\rho}$ より小さい．管も弾性変形するので，水の体積弾性率が見かけ上低下したことになる．試みに，$D=15$ cm，$b=1$ cm，$K=2.22$ GPa，$E=207$ GPa，$\rho=1$ g/cm^3 の数値を代入すると

$$c = \frac{1490}{\sqrt{1 + \frac{2.22 \times 15}{1 \times 207}}} = \frac{1490}{\sqrt{1 + 0.16}} = 1383 \text{ m/s}$$

になる．同じ材料と肉厚でも，大口径では c は小さくなる．たとえば $D=100$

cm では，$c=1030$ m/s である．また，$bE/D \gg K$，すなわち材料のヤング率と断面形状で決まる管の剛性が水の体積弾性率より十分大きいとき，管は実質的には変形せず圧力波は水中音速 1490 m/s で伝わる．

4.5 有限振幅の音波

これまで弦を伝わる波や音波の波動方程式を導出する際，振幅が無限小であることを仮定して線型近似を行った．5章，6章でもやはり線型近似を用いて，弾性波と水の波を考える．どの場合も，正弦波であれば一定速度で波形を保ったまま伝わる．しかし，強い音波で振幅が有限であるときはこの近似を使えない．基礎式(式(4.1)と式(4.2))を線型化せずに，1次元(平面波)かつ断熱変化を仮定して有限振幅音波がどのように伝わるかを調べてみよう．

この場合も変動する粒子速度 u と密度 ρ は互いに従属関係にあるので，式 (4.1) は

$$\frac{d\rho}{du}\left(\frac{\partial u}{\partial t}+u\frac{\partial u}{\partial x}\right)=-\rho\frac{\partial u}{\partial x} \tag{4.1′}$$

と変形できる．一方，式(4.2)は

$$\frac{\partial u}{\partial t}+u\frac{\partial u}{\partial x}=-\frac{1}{\rho}\frac{\partial p}{\partial x}=-\frac{1}{\rho}\frac{dp}{d\rho}\bigg|_S\frac{\partial \rho}{\partial x}=-\frac{c^2}{\rho}\frac{\partial \rho}{\partial x} \tag{4.2′}$$

であり，これを式(4.1′)に代入すれば

$$\frac{d\rho}{\rho}=\pm\frac{du}{c} \tag{4.32}$$

が得られる．粒子速度の音速に対する変化率が，密度の変化率に等しいことを示している．ここで，断熱状態方程式 $p/\rho^\gamma = p_0/\rho_0^\gamma$ を使うと，有限振幅音波の音速 c は，

$$c^2=\frac{dp}{d\rho}\bigg|_S=\frac{\gamma p}{\rho}=\frac{\gamma p_0}{\rho_0}\left(\frac{\rho}{\rho_0}\right)^{\gamma-1}$$

すなわち，

$$c = c_0 \left(\frac{\rho}{\rho_0}\right)^{\frac{\gamma-1}{2}} \tag{4.33}$$

のように微小振幅音波の音速 $c_0 = \sqrt{\gamma p_0/\rho_0}$ に関係づけられる．この結果を ρ で微分すれば，$\rho \dfrac{dc}{d\rho} = \dfrac{\gamma-1}{2} c$ であるので，式(4.32)から $dc = \pm \dfrac{\gamma-1}{2} du$ を得る．これを積分して

$$c = c_0 \pm \frac{\gamma-1}{2} u \tag{4.34}$$

となる．

式(4.32)と式(4.34)の複号のうち(+)は前進波に，(−)は後退波に対応する(微小振幅の前進波について $d\rho/\rho_0 = du/c_0$ である)．前進波に対する $d\rho/du = \rho/c$ を式(4.1′)に代入して，

$$\frac{\partial u}{\partial t} + (u+c) \frac{\partial u}{\partial x} = 0$$

が得られる．この方程式の解は，任意関数を F として $u = F[x-(u+c)t]$ の形で与えられる(方程式に代入し，c が定数でないことに注意して計算すれば確認できる)．

ここで判明した微小振幅音波との大きな違いは，式(4.34)にみるように伝播速度(音速)が有限振幅音波では一定でなく，粒子速度 u に依存することである．前進波では，u が大きいほど速く伝播する．また，式(4.33)によれば，圧縮部 $\rho > \rho_0$ で $c > c_0$ であり，膨張部 $\rho < \rho_0$ で $c < c_0$ である．このため，圧縮部は c_0 より速く，膨張部は遅く移動し，伝播にしたがって波形が変化する(図4.10)．この例のように，最初はなめらかな波形の音波であっても，振幅が有限であるために，ある有限時間の後には各物理量(速度，密度，圧力，温度)が急峻な勾配を持つ波に成長する．ひとつの非線型効果である．

ここまでの議論では粘性や熱伝導を無視していた．粘性は粒子速度の空間微分，熱伝導は温度の空間微分に比例する．図4.10の最終段階のように急峻な勾配が生じると，たとえ粘性係数・熱伝導係数の値が小さくてもこれら空間微分との積は無視できない大きさになる．したがって，急勾配の部分では，粘性と熱伝導が作用してエネルギーの散逸(エネルギーが熱に変換されること)が起

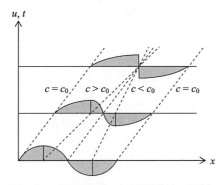

図 4.10　有限振幅波の伝播(前進波の場合).

こり，ある程度以上の急峻化は抑えられる．局所的に等エントロピーの仮定が崩れることになる．音波は，急勾配を含むある一定の波形を保持したまま等速度で伝播する．この状態を衝撃波とよぶ．衝撃波の前後で粒子速度・密度・圧力が急に上昇する．

◆第 4 章の演習問題◆

4.1 排気音を小さくする自動車用マフラー(消音器)はどのように作ればよいか考えよ．

解 入力と出力の比がインピーダンスになるという関係を，接続された異径管の内部を伝播する平面音波に適用すれば[*6]，断面積変化を反映したインピーダンスは，$Z=\rho c/S$ であることがわかる．S は管の断面積である．下図左のようにマフラーを断面積 S_2 の空洞とし，その前後に同径のパイプ(断面積 S_1)が接続された簡単なモデルを考える．エンジン系から外気へと伝わる音のエネルギー比は，式(3.19)にこの修正したインピーダンスを代入して，

$$\frac{A_3{}^2}{A_1{}^2} = \frac{4}{4\cos^2 k_2 l + (S_1/S_2 + S_2/S_1)^2 \sin^2 k_2 l}$$

となる．このエネルギー透過率の計算例を下図右に示す．$k_2 l = \pi/2$，つまり

---

*6　高速列車がトンネルに入ったときに感じるいわゆる「耳ツン現象」は，そう考えることによって理解できる．列車が入り口で作った圧縮波はトンネル出口で反射し，逆位相の膨張波となって列車に戻ってくる(粒子速度は同位相で反射する)．

波長がマフラーの長さの 4 倍の音波に対して透過率が最小値 $\left(\dfrac{2S_1S_2}{S_1{}^2+S_2{}^2}\right)^2$ をとる．排気音を零にすることはできないが，長さを排気音の 1/4 波長に合わせ，さらに S_2/S_1 を大きくすると消音効果が上がる．ただし，低い周波数成分はほぼそのまま透過するので一種のローパスフィルターである．

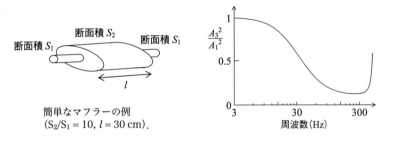

簡単なマフラーの例
$(S_2/S_1 = 10,\ l = 30\ \text{cm})$．

4.2 各辺の長さが a, b, c の直方体空洞に生じる音場の固有角周波数を求めよ．

解 長さ a, b, c の各辺の方向に (x, y, z) 座標をとる．式(4.18)の第 1 式を参照して

$$\tilde{p}(x, y, z, t) = A \cos px \cos qy \cos rz\, e^{i\omega t}$$

の形の解をさがしてみる．波動方程式(4.15)に代入すると，$p^2+q^2+r^2=\omega^2/c^2$ となる．さらに，空洞の内壁に垂直な速度成分は零でなければならない．すなわち，境界条件として，$x=0, a$ で $\partial \tilde{p}/\partial x=0$，$y=0, b$ で $\partial \tilde{p}/\partial y=0$，$z=0, c$ で $\partial \tilde{p}/\partial z=0$ を要求すると，整数 l, m, n に対して $p=l\pi/a,\ q=m\pi/b,\ r=n\pi/c$ が得られる．すなわち，これらの条件が満たされるとき，上で仮定した解が求める解となる．以上から，固有角振動数は

$$\omega_{lmn}{}^2 = \pi^2 c^2 \left(\dfrac{l^2}{a^2}+\dfrac{m^2}{b^2}+\dfrac{n^2}{c^2}\right)$$

で与えられる．

4.3 半径 a の球形空洞に生じる球対称な音場の固有角振動数を求めよ．

解 球対称であるので速度ポテンシャル ϕ は，半径 r と時間 t だけの関数である．波動方程式に従う ϕ の解は，式(1.6)にあるとおり $\phi=f(r-ct)/r+g(r+ct)/r$

である．中心 $r=0$ で ϕ が有限であるためには，$f(-ct)=-g(ct)$ の奇関数でなければならない．角振動数 ω と波数 k の調和波に限定すると，これを満たす解は

$$\phi = Ae^{i\omega t}\frac{\sin kr}{r}$$

になる．A を振幅とする．また，容器の内壁 $r=a$ で半径方向の粒子速度が零という境界条件から $\partial\phi/\partial r=0$ であるので，固有角振動数は $\tan ka=ka$ で与えられる．基本固有角振動数は $\omega_1 \fallingdotseq 4.493c/a$ である．

次の演習問題 4.4 で考える円筒波共鳴では，$\omega_1 \fallingdotseq 3.832c/a$ である．また，長さ $2a$ の両端が閉じた気柱での平面波共鳴(図3.14(a))では，基本固有角振動数は $\omega_1 = \pi c/2a \fallingdotseq 1.57c/a$ である．同じ媒質で満たされた同じ代表長さの空間に生じる基本共鳴モードであるにもかかわらず，3つの ω_1 には顕著な相違があり，球面波・円筒波・平面波の順に大きい．その理由を考えてみよ．

4.4 水琴窟という音響装置をもつ日本庭園がある．陶器製のつぼを伏せて地中に埋め込んでいる．その天井の中央にあけた穴から落ちる水滴が底にたまった水面に当たるときの音がつぼの中で共鳴して長く響く澄んだ音が聞こえる．つぼの中で生じる可能性のある音の固有角振動数を調べよ．

解 つぼを深さ h，半径 a の円筒形とする．両端が閉じた円筒空間での共鳴を考えればよいが，簡単のために軸対称を仮定し，速度ポテンシャルを変数分離して $\phi=R(r)\cos k_z z \exp(i\omega t)$ とおく($\cos k_z z$ は底 $z=0$ で速度が零という境界条件を自動的に満足する)．軸対称の仮定から $\partial\phi/\partial\theta=0$ とした付録 A.1 の式 (A.6) から

$$\frac{d^2R}{dr^2}+\frac{1}{r}\frac{dR}{dr}+\left(\frac{\omega^2}{c^2}-k_z^2\right)R=0$$

が得られる．この解は，ベッセル関数(☞付録 A.4)を用いて $R(r)=AJ_0(qr)+BY_0(qr)$ と書くことができる(A, B：未定定数)．$q^2=\omega^2/c^2-k_z^2$ とした．ベッセル関数 $Y_0(qr)$ は $r\to 0$ で発散するので，ϕ が有限であることから $B=0$ がわかる．残りの境界条件は，円筒の天井と底 ($z=0, h$) で速度 $\partial\phi/\partial z=0$ および内壁 ($r=a$) で速度 $\partial\phi/\partial r=0$ である．これらから，$k_z=m\pi/h$ と $qa=j_{1,n}$ が求まる ($m=1, 2, \cdots, n=0, 1, 2, \cdots$)．$j_{1,n}$ はベッセル関数 J_1 の零点(順に 0, 3.832…, 7.016…, …)である．よって，固有角振動数は

$$\frac{\omega_{mn}^2}{c^2}=\frac{m^2\pi^2}{h^2}+\frac{j_{1,n}^2}{a^2}$$

となる．

水滴が落ちて作られるさまざまな周波数成分の音のうち上式で示されるいくつかの周波数が共鳴によって増幅されて聞こえていると考えられる．$m=0$ であれば単純な円筒波共鳴であり，$h=60$ cm，$a=20$ cm の典型的なつぼを想定すると，最小の固有角振動数は $\omega_{01}=6591$ rad/s($f_{01}=1050$ Hz)である(経験からこの音を聴いているように思われる)．$n=0$ なら軸方向に生じる両端閉口の平面波共鳴(図3.14(a))で，その最小の固有角振動数は $\omega_{10}=1800$ rad/s ($f_{10}=287$ Hz)である．一般の (m,n) では複雑な共鳴モードとなる．

もしヘルムホルツ共鳴であれば，式(4.24)から $\omega=c\sqrt{S/VL'}$ である．穴の直径は数 cm，長さは 1 cm 程度であることを考えると，円筒空洞内の共鳴よりかなり小さい固有角周波数で可能性は低い．

4.5 人の外耳道(入り口から鼓膜まで)は，長さ約 2.5 cm，直径約 0.7 cm のほぼ真っ直ぐな管である．これを一端開口・他端閉口の気柱と見なして基本固有周波数を求めよ．

解 図 3.14(c)に見るように基本モードでは，外耳道の長さが 1/4 波長に一致するので，波長は約 10 cm になる．空気中の音速を 344 m/s とすれば，基本固有周波数は 3440 Hz と計算できる．この基本モードにおける圧力は，耳の入り口で一定(大気圧)，最奥の鼓膜の部位で最大の変動となる．下図のように変位の変動はこの逆である．このことから，われわれはこの付近の周波数の音を共振によって増幅して聴いているとも考えられる．聴覚の中心帯域は 500～4000 Hz とされている．

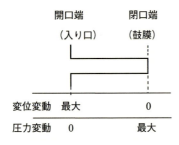

外耳道における変位と圧力の分布．

4.6 球形の液滴が球形を保ったまま膨張・収縮する固有振動の周期を求めよ．

解 球対称の運動であるので，液滴中の圧力変動 $\tilde{p}$ に対する波動方程式は式(1.4)と同様に

$$\frac{\partial^2 \tilde{p}}{\partial t^2} = c^2 \frac{1}{r^2} \frac{\partial}{\partial r}\left(r^2 \frac{\partial \tilde{p}}{\partial r}\right)$$

と書ける．c は液体中の音速である．式(1.4)や演習問題 4.3 での扱いと同様に $\tilde{p}(r,t) = \dfrac{P(r)}{r} e^{i\omega t}$ とおくと，P は $\dfrac{\partial^2 P}{\partial r^2} + \dfrac{\omega^2}{c^2} P = 0$ に従うので，簡単に解くことができ，

$$\tilde{p}(r,t) = \frac{e^{i\omega t}}{r}\left(A\cos\frac{\omega r}{c} + B\sin\frac{\omega r}{c}\right)$$

が与えられる (A, B：未定定数)．境界条件として，中心 $r=0$ で $\tilde{p}$ が有限であるためには，$A=0$ でなければならない．一方，表面で圧力変動が零であるためには，球の半径 a に対して $\sin(\omega a/c)=0$ でなければならない．よって，$\omega_n = n\pi c/a$ が求める固有角振動数である ($n=1, 2, \cdots$)．周期は $2\pi/\omega_n = 2a/nc$ となる．基本モードの周期は，半径 1 mm の雨滴であれば 1.34 μsec，地球と同じ大きさの水だけの球であれば約 142 分である．

4.7 弦を伝わる波について，$K=U$ であることを §3.2 で学んだ．音波についても同じ関係が成り立つことを確認せよ．

解 静止状態での密度を ρ_0，体積を V_0，音波による粒子速度を $\tilde{u}$ とすれば，運動エネルギーは $K = \dfrac{1}{2}\rho_0 V_0 \tilde{u}^2$ になる．ポテンシャルエネルギーを導くには，音波にともなう断熱過程において変動する圧力 $\tilde{p}$ による仕事 $\tilde{p}dV$ を考えればよい．すなわち，$U = -\displaystyle\int \tilde{p} dV$ である．負号は，圧力が増えて体積が減少したときポテンシャルエネルギーが増加することを示している．ここで，§4.1 の $\tilde{p}/\tilde{u} = \pm\rho_0 c$ と式(4.10)を代入し，$c^2 = K|_S/\rho_0$ を用いると

$$U = -\int \tilde{p} dV = \int_0^{\tilde{p}} \frac{\tilde{p} V_0}{K|_S} d\tilde{p} = \frac{\tilde{p}^2 V_0}{2K|_S} = \frac{(\rho_0 c\tilde{u})^2 V_0}{2K|_S}$$
$$= \frac{\rho_0 V_0 \tilde{u}^2}{2}$$

となり，$K=U$ であることが確認できた．

追加の演習問題

4.8 音響インピーダンスが Z_1 と Z_2 の異なる気体1と気体2が積層されているとする．その界面に気体1から平面音波が垂直に入射するときの反射係数と透過係数を調べよ．

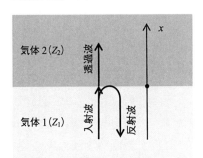

解 音波による圧力変動を p，粒子速度を u とし，入射波，反射波，透過波の (p,u) をそれぞれ (p_i, u_i)，(p_r, u_r)，(p_t, u_t) と表記する．p と u の間の関係は，気体1を x の正の方向に伝わる入射波について $p_i/u_i = Z_1$，x の負の方向に伝わる反射波については $p_r/u_r = -Z_1$ である（76ページ参照）．また，考えるべき界面での境界条件は，圧力と粒子速度の連続性から $p_i + p_r = p_t$ と $u_i + u_r = u_t$ の2つである．これらの関係から，圧力変動 p に対する反射係数と透過係数は，それぞれ $\dfrac{p_r}{p_i} = -\dfrac{Z_1 - Z_2}{Z_1 + Z_2}$，$\dfrac{p_t}{p_i} = \dfrac{2Z_2}{Z_1 + Z_2}$ のように導かれる．一方，粒子速度 u に対する反射係数と透過係数は，$\dfrac{u_r}{u_i} = \dfrac{Z_1 - Z_2}{Z_1 + Z_2}$，$\dfrac{u_t}{u_i} = \dfrac{2Z_1}{Z_1 + Z_2}$ であるので式(3.15)に等しい（2つの気体は遷移層を形成するが，その厚さより波長がはるかに大きいとした）．

4.9 ごく微小な固体粒子が一様に浮遊する大気中の音速を考え，その体積含有率 α への依存性を調べよ．なお，α は ppm レベルとする（1 ppm = 10^{-6}）．

解 （粒子を含まない）清浄な空気の密度 ρ_a，（断熱）体積弾性率を K_a とすれば，その音速は $c_\mathrm{a} = \sqrt{K_\mathrm{a}/\rho_\mathrm{a}}$ である．固体粒子の密度を ρ_s，体積弾性率を K_s とする．式(4.13)を利用し，$K_\mathrm{s}/K_\mathrm{a} \gg 1$ と $\rho_\mathrm{s}/\rho_\mathrm{a} \sim 10^3$ を仮定すれば

$$\bar{c}^2 = \dfrac{1}{\left(\dfrac{\alpha}{K_\mathrm{s}} + \dfrac{1-\alpha}{K_\mathrm{a}}\right)[\alpha \rho_\mathrm{s} + (1-\alpha)\rho_\mathrm{a}]} \cong \dfrac{K_\mathrm{a}}{(1-\alpha)^2 \rho_\mathrm{a}} \cong (1+2\alpha)c_\mathrm{a}^2$$

と近似できる．すなわち，音速変化の割合 $(\bar{c} - c_\mathrm{a})/c_\mathrm{a}$ が α を与えることになる．

弾性波

　固体における波動現象は，強い衝撃によるものを除けば，すべて弾性波である．固体は気体に比べて変形しにくいが，それでも力を加えると変形し，その力とつり合うように内部に応力が発生する．加えた力を取り除けば，応力も変形もないもとの状態にもどる．ばねと同じように作用するので復元力を生み出すことができ，これによって動的な刺激は波源から弾性波として伝わる．

　弾性波はこれまで大きく分けて3つの分野で研究されてきた．最初は地震学においてであり，地震現象の解明という本来の目標とともに地震波による地球内部構造の決定(地震波トモグラフィー)，活断層や石油・天然ガスなど地下資源の探査などの応用面がある．つぎは，工業材料の非破壊検査・評価のための超音波計測や音波物性である．亀裂があれば反射信号として検出でき，また音速や減衰から劣化などに伴う微視的な構造変化も評価できる．この目的には，主にMHz帯域の超音波が使用される．また，マクロな物理量である音速や減衰などの周波数依存性を通じてその背後にある原子・分子レベルの素過程を調べるのが音波物性である．塑性変形や亀裂進展などに伴って発生するアコースティック・エミッションという現象は，受動的に弾性波を観測する点で地震波に類似する．最後に，超音波エレクトロニクスの分野での代表例にSAW(surface acoustic wave, 弾性表面波)デバイスがある．圧電効果を利用してGHz帯域の電気信号を弾性表面波に変換することによってノイズ除去などの機能を果たし，今日の通信分野で欠かせない技術となっている．

　この3分野で扱う時空間のスケールは大いに異なるが，すべて弾性力学に

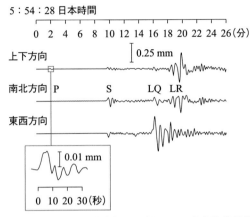

図 5.1 オーストラリア北東部で記録された兵庫県南部地震の地震波形(変位波形).[『地震の科学』パリティ編集委員会編,丸善(1996)P.61 より]

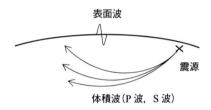

図 5.2 地震による体積波と表面波の発生・伝播(概念図).

よって現象は説明できる.図 5.1 は,兵庫県南部地震(1995 年 1 月 17 日)の際にオーストラリア北東部チャーターズ・タワーズで記録された 3 方向の地震波形である.体積波(P 波と S 波)と 2 つの表面波(LR と LQ)が,明瞭に判別できる.P 波と S 波は,地球内部の音速分布のために湾曲した経路をたどって地表で観測される(図 5.2).大きな振幅の LR と LQ は,それぞれレイリー波とラブ波を指す.レイリー波の振動が上下方向と南北方向であるのに対して,ラブ波では東西方向の振動が優先しており,両者は異なる種類の表面波であることがわかる.まず,これらの性質を弾性力学の基礎式をもとに調べよう.さらに,弾性波を伝える導波管の代表例として丸棒における波動現象を取り上げることとする.最後に,棒や薄板の共振を調べ,これまで見てきた共振と比較しよう.

【キーワード】

弾性定数　elastic constants
体積波（実体波）　bulk waves, body waves
縦波（P 波）　primary/pressure wave
横波（S 波）　secondary/shear wave
ポアソン効果　Poisson effect
板厚共振　thickness oscillations
水晶微小天秤　quartz crystal microbalance（QCM）
二重偶力モデル　double-couple model
反射　reflection
屈折　refraction

スネルの法則　Snell's law
ホイヘンスの原理　Huygens' principle
全反射　total reflection
エバネッセント波　evanescent wave
フェルマーの原理　Fermat's principle
レイリー波　Rayleigh wave
ラブ波　Love wave
応力波　stress wave
棒の縦波　longitudinal wave in rod
ねじり波　torsional wave
曲げ波　flexural wave
クラドニ図　Chladni figures

5.1　体積波

　固体と気体・液体との大きな違いは，せん断変形を支えることができる点にある．長方形を平行四辺形に変形させるような「ずれ」の変形様式である．そのため，縦波に加えて体積変化を伴わないこの「せん断変形の波」，すなわち横波が存在する．

　弾性力学の基礎式（☞付録 B）から出発して，まず無限に広がった均質で等方性の弾性体における体積波（縦波，横波）を支配する波動方程式を導出しよう．弾性体の運動を支配するのは，平衡方程式（つりあいの式．☞付録 B.2）と一般化されたフックの法則（☞付録 B.3）

$$\frac{\partial \sigma_{ij}}{\partial x_j} + f_i = 0 \tag{5.1}$$

$$\sigma_{ij} = \lambda e_{kk} \delta_{ij} + 2\mu e_{ij} \tag{5.2}$$

である．応力を σ_{ij} で，ひずみを e_{ij} で表現する．δ_{ij} は，クロネッカーのデ

ルタである．(λ, μ) はラメ (Lamé) の定数で，変形に対する復元力の大きさを示している．この値が大きいほど弾性的に変形しにくい材料である．変位ベクトル $\mathbf{u}$ に対して $e_{kk} = e_{11} + e_{22} + e_{33} = \dfrac{\partial u_k}{\partial x_k} = \nabla \cdot \mathbf{u}$ は体積ひずみに等しい．体積力 (☞付録 B.2) f_i には慣性項として $-\rho \partial^2 u_i / \partial t^2$ を代入し，重力などほかの体積力を無視する．ρ は密度である．以上の関係式から，総和規約を適用して弾性体の運動方程式が次のように得られる：

$$\begin{aligned}\rho \frac{\partial^2 u_i}{\partial t^2} &= \lambda \frac{\partial}{\partial x_i}\left(\frac{\partial u_k}{\partial x_k}\right) + \mu \frac{\partial}{\partial x_j}\left(\frac{\partial u_i}{\partial x_j} + \frac{\partial u_j}{\partial x_i}\right) \\ &= (\lambda + \mu) \frac{\partial}{\partial x_i}\left(\frac{\partial u_k}{\partial x_k}\right) + \mu \frac{\partial^2 u_i}{\partial x_j \partial x_j}\end{aligned} \tag{5.3}$$

これをベクトル表示すれば，

$$\begin{aligned}\rho \frac{\partial^2 \mathbf{u}}{\partial t^2} &= (\lambda + \mu) \,\mathrm{grad}\,\mathrm{div}\,\mathbf{u} + \mu \Delta \mathbf{u} \\ &= (\lambda + 2\mu)\,\mathrm{grad}\,\mathrm{div}\,\mathbf{u} - \mu\,\mathrm{rot}\,\mathrm{rot}\,\mathbf{u}\end{aligned} \tag{5.4}$$

となる．2 行目の表現は，恒等式 $\Delta \mathbf{u} = \mathrm{grad}\,\mathrm{div}\,\mathbf{u} - \mathrm{rot}\,\mathrm{rot}\,\mathbf{u}$ を用いて導くことができる．本書では直交座標のみを考えるが，一般の座標系についても 2 行目の表現は成り立つ．grad, div などの微分演算子については付録 A.1 にまとめて説明がある．

この運動方程式は 3 方向それぞれの慣性力と弾性的な復元力のつり合いを変位 $\mathbf{u}$ を用いて表現したもので，ニュートンの第 2 法則を弾性体について書き表したものに過ぎない．変位の 3 成分は，互いにポアソン効果を通じて連成しあっているために単純には分離できない．しかし，x 方向に伝わる平面波 $\mathbf{u} = \mathbf{u}(x, t)$ に限定して $\mathrm{grad} = (\partial/\partial x, 0, 0)$ の場合を考えれば，個々の変位成分に対する波動方程式が簡単に分離してつぎのように得られる (図 5.3)．

$$\begin{aligned}\frac{\partial^2 u_x}{\partial t^2} &= \frac{\lambda + 2\mu}{\rho} \frac{\partial^2 u_x}{\partial x^2} \\ \frac{\partial^2 u_y}{\partial t^2} &= \frac{\mu}{\rho} \frac{\partial^2 u_y}{\partial x^2} \\ \frac{\partial^2 u_z}{\partial t^2} &= \frac{\mu}{\rho} \frac{\partial^2 u_z}{\partial x^2}\end{aligned} \tag{5.5}$$

5.1 体積波

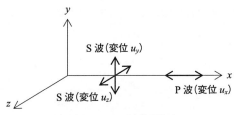

図 5.3 3つの平面弾性波.

◯縦波（P 波）

式(5.5)の第1式の波動方程式は，x 方向（つまり伝播方向）の変位 u_x の変化が速度 $c_P=\sqrt{(\lambda+2\mu)/\rho}$ で伝わることを示している．伝播方向//振動方向であるのでこれは縦波である．この弾性波に付随するひずみ成分は $e_{xx}=\dfrac{\partial u_x}{\partial x}$ だけあるが，応力成分は3つあり，式(5.2)から

$$\sigma_{xx}=(\lambda+2\mu)\frac{\partial u_x}{\partial x}, \qquad \sigma_{yy}=\sigma_{zz}=\lambda\frac{\partial u_x}{\partial x} \tag{5.6}$$

である．注意すべきは，伝播方向の伸び・圧縮から直接生じる σ_{xx} の成分だけでなく，これに直交する y,z 方向の垂直応力を伴っていることである．これが，上で触れたポアソン効果である．また，式(5.4)全体の div をとり，微分の順序を入れ替えると，div rot $\mathbf{u}\equiv 0$ によって，

$$\frac{\partial^2}{\partial t^2}(\text{div}\,\mathbf{u})=\frac{\lambda+2\mu}{\rho}\Delta(\text{div}\,\mathbf{u}) \tag{5.7}$$

が得られる．すなわち，体積変化は，そして圧力も縦波速度 c_P で伝わることがわかる．

◯横波（S 波）

式(5.5)の第2, 3式は，伝播方向に垂直な方向（y, z 方向）の変位 u_y と u_z の変化が同じ伝播速度 $c_S=\sqrt{\mu/\rho}$ で伝わることを示している．伝播方向⊥振動方向であるのでこれらは横波である．変位 u_y の横波を考えると，6つの応力成分のうち

表 5.1 室温における弾性波伝播速度の例(光速はおよそ 3×10^5 km/s).

媒 質	ρ ($\times10^3$ kg/m^3)	c_P (km/s)	c_S (km/s)
アルミニウム	2.69	6.42	3.04
鉄・鋼	7.86	5.95	3.24
銅	8.96	5.01	2.27
パイレックスガラス	2.32	5.64	3.28
アクリル樹脂	1.18	2.73	1.43
氷	0.917	3.23	1.60
水	1.0	1.49	—
空気	0.0012	0.34	—

$$\sigma_{xy} = \sigma_{yx} = \mu \frac{\partial u_y}{\partial x} \tag{5.8}$$

だけが生じる．純粋なせん断変形が x 方向に伝播する状態である．式(5.4)全体の rot をとると，

$$\frac{\partial^2}{\partial t^2}(\mathrm{rot}\,\mathbf{u}) = \frac{\mu}{\rho}\Delta(\mathrm{rot}\,\mathbf{u}) \tag{5.9}$$

となり，一般に微小な回転 $\mathrm{rot}\,\mathbf{u}$ も横波速度 c_S で伝わる．

無限に広がった弾性体の内部を伝わる縦波と横波をまとめて体積波(あるいは実体波)といい，後に説明する表面波と区別する．これらは今見たとおり非分散性であり，また $c_P>c_S$ であるので縦波が先に到達する．いくつかの固体における縦波・横波の伝播速度を水，空気中の音速と比較して表 5.1 に示す．ただし，ガラスとアクリル樹脂以外は，結晶性の固体で，厳密には等方体でない．方位について平均した音速値を示している．知られている中で最大の音速 18.6 km/s をもつのはダイヤモンド単結晶を(111)方向に伝わる縦波である．

例題 5.1 任意の方向の平面弾性波 均質等方性の弾性体では任意の方向に縦波と横波が伝播しうることを，式(5.4)の平面波解から証明してみよう．

解 §3.6での2次元波動に対する扱いと同様に,1次元波動の議論に用いてきた波数 k を拡張して3次元空間の波に対する波数ベクトル $\mathbf{k}$ を導入する.$\mathbf{k}=(k_x, k_y, k_z)$ である.大きさ $|\mathbf{k}|$ がこれまでの波数であり,その方向は伝播方向を示す.この $\mathbf{k}$ と振幅ベクトル $\mathbf{A}$ を使って,調和平面波解を $\mathbf{u}=\mathbf{A}\exp[i(\mathbf{k}\cdot\mathbf{x}-\omega t)]$ とおいて,式(5.4)に代入すれば,

$$\rho\omega^2\mathbf{A} = (\lambda+\mu)(\mathbf{A}\cdot\mathbf{k})\mathbf{k}+\mu|\mathbf{k}|^2\mathbf{A} \tag{5.10}$$

となる.この両辺と $\mathbf{k}$ との内積をとってみると,$(\mathbf{A}\cdot\mathbf{k})[\rho\omega^2-(\lambda+2\mu)|\mathbf{k}|^2]=0$ が得られる.この関係は,$\mathbf{A}\cdot\mathbf{k}=0$ または $\rho\omega^2-(\lambda+2\mu)|\mathbf{k}|^2=0$ のとき満足する.$\mathbf{A}\cdot\mathbf{k}=0$ では,伝播方向 $\mathbf{k}$ と垂直な方向に振動し,式(5.10)が $\omega/|\mathbf{k}|=\sqrt{\mu/\rho}$ を与えるので横波を示している.一方,$\rho\omega^2-(\lambda+2\mu)|\mathbf{k}|^2=0$ は縦波の速度を直接与える.式(5.10)に代入すると $\mathbf{A}|\mathbf{k}|^2=(\mathbf{A}\cdot\mathbf{k})\mathbf{k}$ となるので $\mathbf{A}//\mathbf{k}$,すなわち伝播方向に振動することが結論できる.以上により,等方性の弾性体では任意の方向に縦波と横波が伝播することが確認できた.

例題 5.2 板厚共振 厚さ l の平板に生じる弾性波共振(定在波)の固有振動数を求めよう.

解 板の両面 $(x=0, l)$ は自由表面であることから,$\sigma_{xx}=\sigma_{xy}=\sigma_{xz}=0$ でなければならない.縦波と横波の共振があるが,いずれかを考えれば十分である.変位 u_y の横波を取りあげて,境界条件として $\sigma_{xy}=\mu\dfrac{\partial u_y}{\partial x}=0$ を要求する.ほかの2条件は自動的に満たされている.§3.5と同じように,変位を

$$u_y(x,t) = Ae^{i(\omega t-kx)}+Be^{i(\omega t+kx)}$$

として前進波と後退波の重ね合わせで表す.これを境界条件に用いると,$A=B$ を経て固有振動数 $f_n=nc_S/2l$ が導かれる $(n=1,2,3,\cdots)$.両端が固定された弦や両端を開放した気柱(図3.14(b))と同じ結果となった.変位 u_y は $u_y=Ae^{i\omega t}\cos kx=Ae^{i\omega t}\cos\dfrac{n\pi x}{l}$ であり,表面 $(x=0, l)$

で極値をとる．板厚方向の振幅分布は，n が偶数のとき中央面($x=l/2$)に関して対称，奇数のとき反対称である(図 5.4)．板における縦波と横波のこのような定在波をとくに板厚共振という．

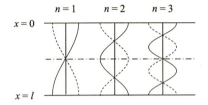

図 5.4 板厚共振モードの例．

5.2 発震メカニズム

火山性以外の多くの内陸型地震は，岩盤のせん断破壊によって引き起こされる．岩盤内に蓄えられていたひずみエネルギーの一部が弾性波のエネルギーに変換されて，地震波となる．ひずみエネルギーはプレートの運動によってもたらされるが，日本列島は西進する太平洋プレートのためにおおむね東西方向に圧縮されている．そのため，たとえば淡路島の野島断層のように北東－南西方向の断層は，逆断層・右横ずれ断層になっている(図 5.5)．

せん断破壊による縦波と横波の発生を簡単な 2 次元の力学モデルによって考えてみよう．付録 B.1 にもあるように，せん断応力は互いに直交する面上につねに 2 つの成分が対をなして存在する．共役なせん断応力である．そのため，図 5.6 の x 軸(あるいは y 軸)に沿って断層があり，これがすべったと仮定すると，同図に示すように $\sigma_{xy}=\sigma_{yx}=\tau_0$ の大きさの動的なせん断応力が発生し，その結果 x 軸と y 軸の方向に最大振幅を持つ横波が震源から放射される．さらに，材料力学によれば，この純粋なせん断応力場は，x 軸から +45 度方向の引張り応力(σ_0)と -45 度方向の圧縮応力($-\sigma_0$)を組み合わせた応力場と等価である．その大きさについても，$\sigma_0=\tau_0$ である(主応力が $\pm\sigma_0$ であり，x 軸から ± 45 度の方向が主応力軸になっていると考えてもよい)．この 45 度回転した方向の面に発生する動的な垂直応力によって，それぞれの方向に引張りと圧縮の縦波が励起されて拡がっていく．図 5.6 には，象限ごとに

図 5.5 野島断層の断面(北淡震災記念公園 野島断層保存館にて).

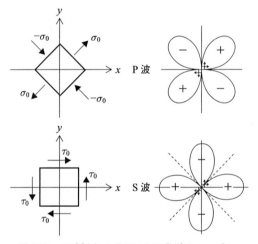

図 5.6 二重偶力モデルによる発震メカニズム.

正負が変わる放射パターンを模式的に示している．多くの地震はこの簡単な発震メカニズムで説明されるようである．これによれば，xy 面内で一様に地震波が伝播していくのではなく，たとえば x 軸と y 軸方向は縦波の節であり，±45 度の方向に最大振幅の縦波が伝わることになる．

　グローバル地震観測網での地震記録から，地震発生後すぐに震源やその規模が特定できるシステムが確立している．そこから自然発生した地震と地下核実験を識別することは容易である．地震波は図 5.6 の放射パターンをもつのに対して，地下核実験では熱膨張による圧縮の縦波が支配的であり，これが等方的

北朝鮮の核実験と自然地震で観測された地震波
（気象庁の発表資料から）

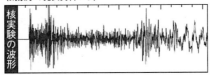

09年5月の北朝鮮核実験時に中国・牡丹江で観測された地震波。同じような揺れ幅の揺れが続く

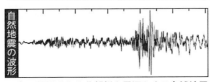

02年に観測された北朝鮮を震源とする自然地震（M4.6）の波形。最初に現れる小刻みなP波に比べ，後から来るS波の揺れ幅が大きい特徴がある

図 5.7　地震と地下核実験による受信波形の比較．
［朝日新聞(2009年8月7日)より］

に放射される．図5.7に報道されたそのような比較の一例を示す．

5.3　反射と屈折

弾性波に限らずすべての波は均質等方性の媒質を直進する（フェルマーの原理）．しかし，図5.2にその傾向を示したように，震源から内部に向かって浅い角度で伝播する体積波は，湾曲した経路をたどって地表に到達する．これは，地球内部の積層構造による反射・屈折の結果である．この現象を調べるにあたって，先にSH波とSV波とよばれる2つの横波の違いを述べておく．横波の振動の方向（偏向）が，自由表面や境界面に平行な場合をSH波，垂直成分を含む場合をSV波とよぶ．それぞれ shear horizontal, shear vertical の略である．粒子の振動方向が伝播方向に垂直である点はもちろん共通する．無限媒質中では両者を区別することはできないし，その必要もない．

弾性波が境界面に垂直入射して発生する反射波・透過波は，§3.3の弦を伝わる波と同様に扱うことができる．しかし，斜めに入射する場合は複雑である．P, SV, SH波のいずれかの平面弾性波が異なる物質の半無限体同士が接

5.3 反射と屈折

続した境界面で反射・屈折する様子を，半無限体の自由表面で反射する場合とともに図 5.8 にまとめる．上部の c_P と c_S が下部より小さい場合の伝播方向を示している．P 波（または SV 波）が入射すると，一般に反射側と屈折側の両方に P 波と SV 波がともに生じる．これらが同時に存在しなければ，境界面での変位と応力の連続条件が満たされないからである．

最も簡単な例として平面 SH 波の斜角入射（図 5.8 の下段左）において，反射波・屈折波の伝播角度と振幅が境界条件からどのように決まるかを見てみよう．この場合は，光と同じように SH 波の反射・屈折しか起こらない[*1]．z 方向（紙面に垂直）に生じる SH 波の変位を $w(x,y,t)$ で表す．入射波・反射波・透過波の波数ベクトル $\mathbf{k}$ が，それぞれ $(k_1 \sin\theta_1, k_1 \cos\theta_1, 0)$，$(k_1 \sin\theta_1', -k_1 \cos\theta_1', 0)$，$(k_2 \sin\theta_2, k_2 \cos\theta_2, 0)$ であることを踏まえて

$$\begin{aligned} w_i &= A_i \exp[ik_1(x\sin\theta_1 + y\cos\theta_1) - i\omega t] \\ w_r &= A_r \exp[ik_1(x\sin\theta_1' - y\cos\theta_1') - i\omega t] \\ w_t &= A_t \exp[ik_2(x\sin\theta_2 + y\cos\theta_2) - i\omega t] \end{aligned} \quad (5.11)$$

とおく．入射波の A_i, θ_1 は既知，反射波・透過波の $A_r, A_t, \theta_1', \theta_2$ は未知である．また，$\omega/k_1 = c_{S1} = \sqrt{\mu_1/\rho_1}$ および $\omega/k_2 = c_{S2} = \sqrt{\mu_2/\rho_2}$ である．境界条件として，境界面 $y=0$ で変位 w と応力成分 σ_{yz} が連続であること，すなわち

$$(w)_1 = (w)_2, \quad \rho_1 c_{S1}^2 \left(\frac{\partial w}{\partial y}\right)_1 = \rho_2 c_{S2}^2 \left(\frac{\partial w}{\partial y}\right)_2 \quad (5.12)$$

を要求する．ここで，$\mu = \rho c_S^2$ を使った．式 (5.11) を代入して $\exp(-i\omega t)$ を略すと

$$\begin{aligned} &A_i \exp(ik_1 x\sin\theta_1) + A_r \exp(ik_1 x\sin\theta_1') = A_t \exp(ik_2 x\sin\theta_2) \\ &\rho_1 c_{S1} \left[A_i \cos\theta_1 \exp(ik_1 x\sin\theta_1) - A_r \cos\theta_1' \exp(ik_1 x\sin\theta_1')\right] \\ &\quad = \rho_2 c_{S2} A_t \cos\theta_2 \exp(ik_2 x\sin\theta_2) \end{aligned} \quad (5.13)$$

[*1] 平板に沿って伝わる弾性波を板波という．SH 波は P 波・SV 波と連成しないため，SH 板波は導波管中の音波（§4.2）や §5.5 でのねじり波と同じように扱うことができる．その分散関係式は，$\dfrac{\omega^2}{c_S^2} - k^2 = \left(\dfrac{2m\pi}{a}\right)^2$ であり（a：板厚，m：整数），式 (4.19) の第 2 式や式 (5.40) と同形である．

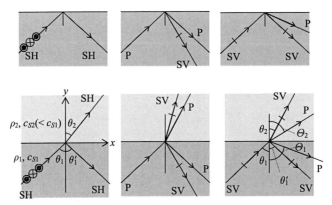

図 5.8 P 波と S 波の自由表面での反射と異材界面での反射・屈折 (⊙⊗⊗●→は，紙面に垂直な SH 波の振動方向を示す).

となる．これが任意の x について成り立つためには，まず $k_1 \sin\theta_1 = k_1 \sin\theta_1' = k_2 \sin\theta_2$ でなければならない．これにより $\theta_1 = \theta_1'$，つまり入射角と反射角は等しい．つぎに，$\omega/k = c_S$ であるので

$$\frac{\sin\theta_1}{c_{S1}} = \frac{\sin\theta_2}{c_{S2}} \tag{5.14}$$

であることが導かれる．これがスネルの法則である．SH 波に限らず異材界面での反射・屈折に関わるすべての平面波の伝搬方向を支配している．たとえば，図 5.8 の下段右の SV 波の反射・屈折については

$$\frac{\sin\theta_1}{c_{S1}} = \frac{\sin\theta_1'}{c_{S1}} = \frac{\sin\Theta_1}{c_{P1}} = \frac{\sin\theta_2}{c_{S2}} = \frac{\sin\Theta_2}{c_{P2}} \tag{5.15}$$

が成り立つ．スネルの法則は，入射波がもつ境界面に沿う方向の波数成分が，角振動数とともに関与するすべての反射波と屈折波に引き継がれることを意味している．一般性の高い法則であり，弾性波だけでなく光の反射・屈折に関しても成立する．

例題 5.3 ホイヘンスの原理 SH 波に対するスネルの法則(式(5.14))をホイヘンスの原理から幾何学的に導いてみよう．

解 ホイヘンスの原理は，ある瞬間に波面を構成しているすべての点は新たな波源となって波を空間内に送り出し，これら2次波の包絡面が次の瞬間の波面を作る，という考え方である(図5.9)*2．

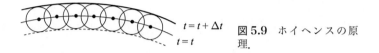

図5.9 ホイヘンスの原理．

図5.10(a)は，下方から進む波面の一部 AA' が点 A で境界面に達した瞬間を示している．その後，下部では波面が BB' まで進むが，その間に点 A と点 B にはさまれた境界上の各点は次々と2次波源になる．これらの波源から発生した波は，上部・下部内をそれぞれの伝播速度で進む．それらの包絡面が反射波面 BB'' と屈折(透過)波面 BB''' である．図5.10(b)は，図(a)の波面上の点 A' が境界面上の点 C' に達した瞬間の状態である．反射波面は $C'C''$ に，透過波面は $C'C'''$ まで進んでいる．入射波面と反射波面が境界面となす角をそれぞれ θ_1, θ_1' とすれば，

$$\sin\theta_1 = \frac{A'C'}{AC'} = \frac{AC''}{AC'} = \sin\theta_1'$$

であるから，入射角と反射角は等しい．つぎに，図(a)，(b)の時間間隔を Δt とすると，$A'C'=c_{S1}\Delta t$, $AC'''=c_{S2}\Delta t$ である．屈折角を図(b)のように θ_2 で表すと

$$\sin\theta_1 = \frac{c_{S1}\Delta t}{AC'}, \quad \sin\theta_2 = \frac{c_{S2}\Delta t}{AC'}$$

の関係が得られる．両辺をそれぞれ割れば，$\dfrac{\sin\theta_1}{\sin\theta_2}=\dfrac{c_{S1}}{c_{S2}}$ となり，スネルの法則が導出できた．この導出過程から明らかなように，2次波を

---

*2 この直感的な考え方に従うと，2次波は波面上の1点から伝播方向だけでなく全方向に向けて発生する．これは，実際の波動現象に反する．後にキルヒホッフ(Gustav Robert Kirchhoff)が，2次波が後方には生じず，前方でのそれらの正の干渉の結果として新しい波面が作られることを厳密に導いた．ホイヘンス–キルヒホッフの原理ともよばれる所以である．

連ねた包絡面（同じ位相の面）に反射波・屈折波の波面が形成される．

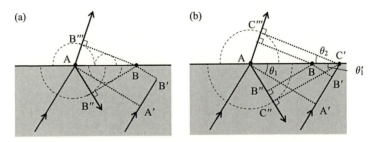

図5.10　ホイヘンスの原理による反射・屈折の理解．

さて，スネルの法則が成り立っていることを前提として，式(5.13)から反射波・屈折波の振幅が

$$\frac{A_r}{A_i} = \frac{\rho_1 c_{S1}\cos\theta_1 - \rho_2 c_{S2}\cos\theta_2}{\rho_1 c_{S1}\cos\theta_1 + \rho_2 c_{S2}\cos\theta_2}$$
$$\frac{A_t}{A_i} = \frac{2\rho_1 c_{S1}\cos\theta_1}{\rho_1 c_{S1}\cos\theta_1 + \rho_2 c_{S2}\cos\theta_2} \tag{5.16}$$

と求められる．それぞれが反射係数と透過(屈折)係数に相当する．周波数・波長に依存しない．音響インピーダンスが $Z=\rho c$ であるから[*3]，反射波あるいは屈折波の強度と入射信号強度との比および位相は各媒質の Z と入射角 θ_1 だけに依存する．

垂直入射 ($\theta_1=0$) の場合は，式(5.14)から $\theta_1'=\theta_2=0$ であるので，このときの式(5.16)は弦を伝わる波に関する式(3.15)の反射係数・透過係数と一致する（現れる ρ の定義は異なる）．この結果は弦だけでなくすべての1次元媒質の波にも，さらに異種材料の界面に波が垂直入射する場合の反射と透過にもあてはまる．空気－水の界面に音波が垂直入射する場合を考えると，空気の音響インピーダンスが 415 Pa·s/m，水では 1.49×10^6 Pa·s/m であるので，水に潜ると空気中の音が聞こえない経験と一致する．このようにインピーダンスが大きく異なる2つの媒質間を音波はほとんど透過できない．また，図5.11は，半

[*3] インピーダンスの単位は，$[\mathrm{kg/m^3}][\mathrm{m/s}]=[\mathrm{N\cdot s/m^3}]=[\mathrm{Pa\cdot s/m}]$ であり，レイリー卿にちなんで [raly] が用いられることもある．

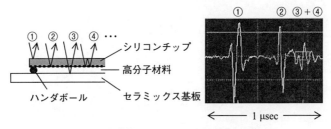

図5.11 半導体パッケージの水浸超音波検査.

導体パッケージ(全厚さ約1mm)を水中に置き,界面剥離など欠陥の有無を周波数 100 MHz の超音波(縦波)で検査しているときの波形である.シリコンチップ－高分子材料－セラミックス基板の層構造に超音波が垂直入射している.信号①と②が互いに逆位相の受信波形となっている.これは,インピーダンスがシリコン,高分子材料,水の順に大きいために,信号①が水－シリコンチップの界面で反射する際に位相が逆転し,信号②がシリコンチップ－高分子材料の界面で同位相で反射していることによる.このように,式(3.15)は音波・弾性波についても成り立つ.

平面 SH 波の斜角入射に対する屈折角 θ_2 は式(5.14)で決まるが,入射側の音速が透過側よりも小さいとき ($c_{S1} < c_{S2}$),入射角 $\theta_1 = \sin^{-1}(c_{S1}/c_{S2})$ に対する屈折角は $\theta_2 = 90°$ となり,屈折波は境界面に沿って進む.そして,この臨界角より大きい入射角 θ_1 については屈折角を決めることができない.式(5.11)の第3式においても,$\cos\theta_2 = \sqrt{1-\sin^2\theta_2} = \sqrt{1-\left(\dfrac{c_{S2}}{c_{S1}}\right)^2 \sin^2\theta_1}$ が純虚数となるので,屈折波は生じない.これが全反射である.このとき,

$$w_t = A_t \exp(-\alpha y) \exp\left[i(k_2 x \sin\theta_2 - \omega t)\right]$$
$$\alpha = k_2 \sqrt{\left(\dfrac{c_{S2}}{c_{S1}}\right)^2 \sin^2\theta_1 - 1} \tag{5.17}$$

になるので普通の意味での屈折波は生じないが,屈折側で境界面から垂直な方向に指数関数的に減少し,x 方向だけに伝播する波がある.このように境界面に垂直な方向には伝播せず,境界面付近でのみ存在する波は,§4.2 と同じく

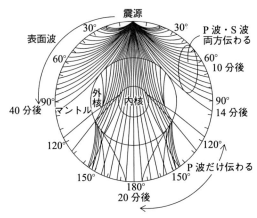

図 5.12 地球内部を伝わる地震波の伝播経路
(伝播時間は概数).

エバネッセント波とよぶ．この波の存在を考えると全反射という用語は厳密には正しくないが，慣用に従うこととする．エバネッセント光は，全反射蛍光顕微鏡や近接場光顕微鏡に利用されている．

水に潜り，浅い角度で斜め上方を見ると，水面が銀色に輝いて見える．また，真夏の道路で「逃げ水」を観測することがある．蜃気楼を含め，これらはすべて光の全反射である．「逃げ水」は，路面近くの空気が熱くなり，それより上の空気より屈折率が減少したために起こる．全反射を有効に利用したのが光ファイバである．屈折率の大きい中心部分(コア；数 μm 以下の径)と小さい周辺部分(クラッド)からなる．コアを進む光は，クラッドとの界面で全反射するのでファイバが曲がっていてもほとんど損失することなく伝達する．通信に使用される光は波長 0.8〜2 μm の赤外線に近い帯域であるが，これに対するコアとクラッドの屈折率の違いは 0.01 程度である．

スネルの法則から，屈折波の伝播方向は入射角度より低速度側に近づくように曲がることがわかる．さらに，全反射が起こると，波は低速度側に反射する．地球の内部はおおむね積層構造をなし，表層の方が深部より低速度である．このため地面近くに発生し，内部に向かって伝播した体積波は図 5.2 のように各層の境界面での屈折と反射を経て曲線の経路をたどって，地表に到達し

て観測される．こうして地震波は地球内部の情報をもたらすので，人工地震を含む地震波信号を蓄積し，解析することによって内部構造が推測され，修正が加え続けられている（図5.12）．また，都市が多く人口が集中している沖積平野と海岸沿いの平地は軟弱な堆積層のため多くが低速度層であり，同じ理由で地震波が集まりやすい．さらに，音響インピーダンスも小さいので地震波の振幅が増大し，高層ビルの固有振動数が低いこともあいまって大きな被害となりやすい．

例題 5.4　斜角超音波センサ　金属材料の超音波探傷などのために，図5.13の構造をもつ超音波センサが広く用いられている．圧電振動子がアクリル樹脂のウェッジ内に発したP波を，境界面で屈折させて鋼の中を伝わるSV波に変換する．SV波を鋼内で$\theta_2=45°$の方向に伝播させたいとき，入射角θ_1を何度に設定すればよいか．

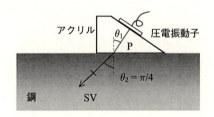

図 5.13　斜角超音波センサ．

解　図5.8の下段中央を参照し，表5.1からアクリルの縦波速度2.73 km/sと鋼の横波速度3.24 km/sをスネルの法則（式(5.15)）に用いると$\sin^{-1}\theta_1 \fallingdotseq 0.596$が得られる．入射角$\theta_1$は約$36°35'$に設定すればよい．この入射角に対しては，屈折P波は発生せず，鋼をSV波だけが伝播する．このようにSV波だけを用いた斜角超音波探傷は，受信した波形の解釈が容易になるという利点を持っている．

5.4 表面波

地震波形は 1880 年代初期に記録できるようになっていた．それまでに，ポアソン(Siméon Denis Poisson)によって2つの体積波(P波, S波)が存在することとP波の方が早く伝わることも知られていた．地震波形の複雑さを解明する研究において，レイリー卿は 1887 年に半無限体に表面波が存在しうることを理論的に示した．また，1911 年にラブ(Augustus Edward Hough Love)は，均質な半無限弾性体の上にこれより小さな横波音速の表面層が接している場合にのみ存在する一種の SH 波の存在を予測した．これらは後に観測によって実証され，今日レイリー波，ラブ波とよばれている．地震波形の複雑さは，これら表面波の存在以外に，地殻・マントルの非均一性によって生じる弾性波の反射や分散性に由来する．

○レイリー波

$z \geqq 0$ を占める均質等方性半無限体の自由表面に沿って x 方向に伝わる表面波が存在するとする．表面波とよぶのは，水の波(☞§6.3)と同様にその振動が表面近くに限定され，深さとともに減少するからである．(x,y,z) 空間での変位を (u,v,w) と書けば，これらは弾性体の運動方程式(式(5.4))によって支配される．x の正方向に伝わり深さ方向に減衰する調和波を考え，y 方向には一様な現象であることを仮定する(図 5.14)．その結果，x, z 方向の運動方程式は y 方向の変位 v を含まず，u, w は y 方向の方程式から分離する．その 2 つの運動方程式は

$$\begin{aligned}\rho\frac{\partial^2 u}{\partial t^2} &= (\lambda+2\mu)\frac{\partial^2 u}{\partial x^2}+(\lambda+\mu)\frac{\partial^2 w}{\partial x \partial z}+\mu\frac{\partial^2 u}{\partial z^2} \\ \rho\frac{\partial^2 w}{\partial t^2} &= (\lambda+2\mu)\frac{\partial^2 w}{\partial z^2}+(\lambda+\mu)\frac{\partial^2 u}{\partial x \partial z}+\mu\frac{\partial^2 w}{\partial x^2}\end{aligned} \quad (5.18)$$

であり，これらに予測される解として

5.4 表面波

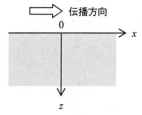

図 5.14 半無限体と座標系.

$$u = A\exp(-bz)\exp[i(kx-\omega t)]$$
$$w = B\exp(-bz)\exp[i(kx-\omega t)] \tag{5.19}$$

を代入すると，振幅 A, B に対する次の連立方程式が得られる．

$$\begin{pmatrix} (c^2-c_P{}^2)k^2+b^2c_S{}^2 & -ibk(c_P{}^2-c_S{}^2) \\ -ibk(c_P{}^2-c_S{}^2) & (c^2-c_S{}^2)k^2+b^2c_P{}^2 \end{pmatrix} \begin{pmatrix} A \\ B \end{pmatrix} = 0 \tag{5.20}$$

$c=\omega/k$ はレイリー波の位相速度である．ここで，$A=B=0$ 以外の解が存在するための条件として係数が作る行列式を零とおけば，

$$[c_P{}^2b^2-(c_P{}^2-c^2)k^2][c_S{}^2b^2-(c_S{}^2-c^2)k^2] = 0 \tag{5.21}$$

が導かれる．これより，指数係数 b が 4 つの値，$\pm b_1$ と $\pm b_2$ をとることがわかる：

$$b_1 = k\sqrt{1-c^2/c_P{}^2}, \qquad b_2 = k\sqrt{1-c^2/c_S{}^2} \tag{5.22}$$

しかし，表面波では b は正の実数でなければならないので，b の負値を排除し，さらに $c<c_S$ とする（もし b が虚数になると，深さとともに振動する解が含まれる）．$b=b_1$，$b=b_2$ のそれぞれの場合に，上の連立方程式から A と B の比が

$$\left(\frac{B}{A}\right)_1 = -\frac{b_1}{ik}, \qquad \left(\frac{B}{A}\right)_2 = \frac{ik}{b_2} \tag{5.23}$$

と決まるので，変位 (u, w) は以下のように得られる．

$$u = \left(A_1 e^{-b_1 z} + A_2 e^{-b_2 z}\right) \exp\left[ik(x-ct)\right]$$
$$w = \left(-\frac{b_1}{ik} A_1 e^{-b_1 z} + \frac{ik}{b_2} A_2 e^{-b_2 z}\right) \exp\left[ik(x-ct)\right] \quad (5.24)$$

こうして得られた変位からひずみを，さらに応力を計算して，自由表面 $z=0$ での境界条件 $\sigma_{zz}=\sigma_{xz}=0$ に代入すれば，

$$\begin{pmatrix} 2b_1 & (2-c^2/c_S^2)k^2/b_2 \\ 2-c^2/c_S^2 & 2 \end{pmatrix} \begin{pmatrix} A_1 \\ A_2 \end{pmatrix} = 0 \quad (5.25)$$

となる．再び，この係数が作る行列式が 0 として若干の計算の後

$$\left(2-\frac{c^2}{c_S^2}\right)^2 - 4\sqrt{1-\frac{c^2}{c_P^2}}\sqrt{1-\frac{c^2}{c_S^2}} = 0 \quad (5.26)$$

さらに

$$\xi^3 - 8\xi^2 + 8(3-2c_S^2/c_P^2)\xi - 16(1-c_S^2/c_P^2) = 0 \quad (5.27)$$

に至る．$\xi=(c/c_S)^2$ とした．

式(5.27)を調べてみると，ポアソン比が $\nu<0.263$ のとき 3 実根をもつが，$c<c_S$ の条件に適合する実根はひとつだけである．たとえば，$\nu=0.25$（このとき，$\lambda=\mu$）の場合，$4, 2\pm 2/\sqrt{3}$ の 3 実根のうちの $2-2/\sqrt{3}$ である．このときの速度比は 0.9194 となる．また，$\nu>0.263$ では 1 実根と共役な 2 虚根をもつ．このように，式(5.19)で想定した表面波の解はひとつだけ存在する．これがレイリー波であり，その位相速度と横波速度 c_S の比は周波数（波長）に独立で，材料のポアソン比 ν のみに依存することが示された．

以上から，レイリー波の伝播速度と変位・応力の深さ方向分布を知ることができる．その結果を図 5.15，図 5.16 に示す．レイリー波の特性として以下のことがあげられる：
(i) 伝播速度は横波速度 c_S よりわずかに小さく，均質な媒質中のレイリー波は非分散性である．
(ii) 振動は深さ方向と伝播方向が作る面内に起こり，表面で縦長の楕円軌道

5.4 表面波

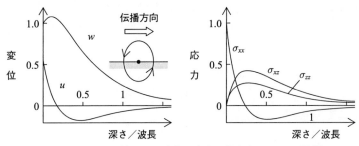

図 5.15 レイリー波による変位と応力の分布($\nu=0.34$ の場合).

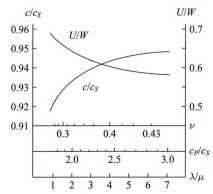

図 5.16 レイリー波の伝播速度と表面での楕円軌道の長短径比.
U と W は，水平動と上下動の振幅．

を描く．その縦横比はポアソン比 ν と深さに依存する[*4]．水面にできる表面波と違う点は，表面の粒子が伝播方向と逆方向の軌道を描くことである（例題 5.5，☞§6.3）．ただし，ある深さでは上下運動のみとなり，それより深いところでは表面付近と逆方向の楕円軌道となる．
(iii) 振幅は 1 波長の深さでほぼ 1/10 に減少し，振動は表面近くに集中している．

このようにレイリー波の伝播領域は表面付近に限定されるので，2 次元的な

[*4] この楕円回転運動は，超音波モータの作動原理となっている．

伝わり方をする．一方，体積波(縦波と横波)は弾性体内を3次元的に伝わるので，より大きい幾何学的な波の広がりのために早く減衰する．この結果，レイリー卿自身が指摘しているように，地震などにおいて波源から離れるに従ってレイリー波による振動が顕著となる(図5.1)．スマトラ沖地震(2004年12月26日，M=9.1)の際には，地球を5周した長波長のレイリー波信号が記録されている．

レイリー波は，自由表面での境界条件を満たすように縦波と横波を合成した弾性波のモードである．水平面上で縦長の楕円軌道を描くことから，その伝播速度が横波速度に近いことは理解できるとしても横波速度よりさらに小さい理由はわかりにくい．すでに述べたように波は一般に低速度の場所に集まるが，今考えている半無限体は均質で表面にそのような低速度層があるわけではない．しかし，その自由表面では内部に比べて変形に対する抵抗が少なく，幾何学的な意味での低速度層となっていると考えてよいだろう．なお，ここでの解析で前提としている半無限に広がった弾性体が実際に存在するわけではない．対象とするレイリー波の波長の数倍の厚さがあれば半無限体とみなしてよい．

例題 5.5 粒子の軌道 レイリー波では表面の粒子が波の進行方向と逆向きの楕円軌道を描くことを確かめよう．

解 表面にある粒子の運動を調べるために，式(5.24)で $z=0$ とし，式(5.23)を反映させると変位成分は $u(x,t)=U\cos[k(x-ct)]$, $w(x,t)=-W\sin[k(x-ct)]$ の形に書ける．U と W は正の実数で，図5.16にもあるとおり $U<W$ である．$x=0$ を代入すれば，$u(0,t)=U\cos\omega t$, $w(0,t)=W\sin\omega t$ となる．後出の図6.11と同様に考えると，レイリー波の場合は進行方向と逆向きの縦長の楕円軌道を描くことが確認できる．

○ラブ波

ラブ波も地震学では重要である．この弾性波のモードは，半無限弾性体の上に小さい横波速度をもつ表面層が接している場合にのみ存在し，以下で調べる

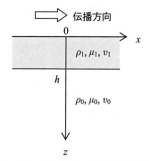

図 5.17 半無限体と低速度表面層.

ように低速度の表面層に捕捉された弾性波である.

レイリー波のところで見たように変位が座標 y に依存しないとき，x, z 方向の運動方程式と y 方向の方程式が分離する．後者は，変位成分として v だけを含む．表面層の密度と剛性率が (ρ_1, μ_1) であり，半無限体では (ρ_0, μ_0) であるとする（図 5.17）．ともに一様な媒質と考えると，その運動はそれぞれ 2 次元の波動方程式

$$
\begin{aligned}
\rho_1 \frac{\partial^2 v_1}{\partial t^2} &= \mu_1 \left(\frac{\partial^2 v_1}{\partial x^2} + \frac{\partial^2 v_1}{\partial z^2} \right) \\
\rho_0 \frac{\partial^2 v_0}{\partial t^2} &= \mu_0 \left(\frac{\partial^2 v_0}{\partial x^2} + \frac{\partial^2 v_0}{\partial z^2} \right)
\end{aligned}
\tag{5.28}
$$

に従う．解として z 方向には何らかの構造を持ち，x 方向に伝播する調和波

$$
v_1 = V_1(z) \exp[i(kx - \omega t)], \qquad v_0 = V_0(z) \exp[i(kx - \omega t)] \tag{5.29}
$$

を仮定して代入すると，

$$
\frac{d^2 V_1}{dz^2} + k^2 q_1{}^2 V_1 = 0, \qquad \frac{d^2 V_0}{dz^2} - k^2 q_0{}^2 V_0 = 0 \tag{5.30}
$$

となる．$c_S{}^2 = \mu/\rho$ を使った．$c = \omega/k$ は位相速度であり，$q_1{}^2 = c^2/c_{S1}{}^2 - 1$, $q_0{}^2 = 1 - c^2/c_{S0}{}^2$ とした．これらの符号はこの段階では不明であるが，ひとまず正とする．

解は，自由表面 ($z=0$) でせん断応力 $\sigma_{yz}=0$，境界面 ($z=h$) で v と σ_{yz} の連続性の 3 つの境界条件を満足しなくてはならない．すなわち，

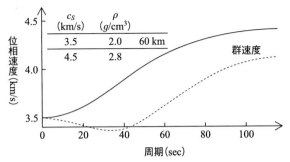

図 5.18 ラブ波の分散曲線(基本モード). [『弾性波動論』佐藤泰夫, 岩波書店(1978) P.69 より]

$$\left.\frac{dV_1}{dz}\right|_{z=0} = 0, \quad V_1|_{z=h} = V_0|_{z=h}, \quad \mu_1\left.\frac{dV_1}{dz}\right|_{z=h} = \mu_0\left.\frac{dV_0}{dz}\right|_{z=h} \tag{5.31}$$

である. さらに, 表面波であれば $z \to \infty$ で $V_0(z) \to 0$ の条件を満たす必要がある. $q_0^2 < 0$ では半無限体内を z 方向に振動する解となるので, $q_0^2 > 0$ を選ぶ. したがって, 式(5.30)の第2式より任意定数を C として $V_0(z) = C\exp(-kq_0z)$ の形になるはずである. 一方, 式(5.30)の第1式から $V_1(z) = A\exp(ikq_1z) + B\exp(-ikq_1z)$ が得られる. これを境界条件の式(5.31)の第1式に代入すると $A = B$ となって, $V_1(z) = 2A\cos kq_1z$ が導かれる. 残る2つの境界条件にこれらを代入し, A と C の係数が作る行列式を零とおくことによって, ラブ波の分散関係式

$$\tan\left(\sqrt{c^2/c_{S1}^2 - 1}\,kh\right) = \frac{\mu_0\sqrt{1 - c^2/c_{S0}^2}}{\mu_1\sqrt{c^2/c_{S1}^2 - 1}} \tag{5.32}$$

が導出できる. このように解が得られ, $q_1^2 > 0$ の仮定も正しかったことになる.

ラブ波は, 位相速度 c が c_{S1} と c_{S0} の中間の値をとり, kh に依存する分散性波動である. 関数 tan の性質から, 1つの kh に対してこの分散関係式を満たす解は無数にある. これ以上は数値計算に頼るしかないが, 実際に同式を

図 5.19 ラブ波の観察例(ソロモン諸島付近の地震をダラスで観測した記録). [『弾性波動論』佐藤泰夫, 岩波書店(1978)P.70 より］

解けば，位相速度 c は波長または周期の単調増加関数であり，図 5.18 のように変化する．短周期(波長)では表面層内だけを伝わるので，その横波音速 c_{S1} になる．中程度の周期(波長)では表面層と母材の双方にまたがって振動が伝わり，両者の横波音速の中間の値となる．長周期の極限では，波長に比べて表面層は薄く，その存在はほとんど位相速度に影響しないことになる．実際の地震波形においても，分散性のために長周期のラブ波が先に観測され，次第に周期は短くなる(図 5.19，図 5.1 でも同様)．ラブ波は，低速度の表面層が導波管となって，そこにエネルギーが集まる弾性波であり，同じ弾性表面波でもレイリー波とは性質を異にする．

5.5　丸棒を伝わる波

材料力学で学ぶように，丸棒の基本的な静的変形は，伸縮・ねじり・曲げである．動的な変形もこれに対応し，それぞれ縦波，ねじり波，曲げ波が棒に沿って伝わる．いずれにもダクト内の音波(§4.2)やラブ波のように無数のモードがあり，ねじり波の基本モードは例外であるが，すべてが分散性波動である．ここでいう縦波は，体積波の縦波(P 波)とは異なるので注意を要する．P 波では変位は伝播方向のみであったが，丸棒での縦波ではポアソン効果によって，引張りの部位では細くなるなど半径方向にも変位が生じる．その結果，同じ材料であっても棒を伝わる縦波では剛性が低下し，その伝播速度も P 波より小さくなる．

丸棒を伝わる弾性波の分散特性や変位分布は，これまでと同様に平衡方程式と一般化されたフックの法則，さらに境界条件から決まる．付録 B.2 の平衡方程式は直交座標系でのものであるので，境界条件の扱いを容易にするために

これを円柱座標 (r, θ, z) に書き直す必要がある. 変位を (u_r, u_θ, u_z) とすると,

$$\rho \frac{\partial^2 u_r}{\partial t^2} = \frac{1}{r}\frac{\partial}{\partial r}(r\sigma_{rr}) + \frac{1}{r}\frac{\partial \sigma_{r\theta}}{\partial \theta} + \frac{\partial \sigma_{rz}}{\partial z} - \frac{\sigma_{\theta\theta}}{r}$$
$$\rho \frac{\partial^2 u_\theta}{\partial t^2} = \frac{1}{r}\frac{\partial}{\partial r}(r\sigma_{r\theta}) + \frac{1}{r}\frac{\partial \sigma_{\theta\theta}}{\partial \theta} + \frac{\partial \sigma_{\theta z}}{\partial z} + \frac{\sigma_{r\theta}}{r} \quad (5.33)$$
$$\rho \frac{\partial^2 u_z}{\partial t^2} = \frac{1}{r}\frac{\partial}{\partial r}(r\sigma_{rz}) + \frac{1}{r}\frac{\partial \sigma_{\theta z}}{\partial \theta} + \frac{\partial \sigma_{zz}}{\partial z}$$

である. 一方, 境界条件としては丸棒表面 $(r=a)$ で3つの応力成分が零であること(自由表面), すなわち

$$\sigma_{rr} = \sigma_{r\theta} = \sigma_{rz} = 0 \quad (5.34)$$

を課す. 円柱座標系での諸問題は, 通常ベッセル関数(☞付録 A.4)で表される解をもつ. 導出や表現は複雑になるため, ここでは道筋と得られる結果のうちの重要な部分だけを説明することとする.

○縦波

縦波とねじり波は軸対称変形であるので, 各量は θ に依存しない. 運動方程式で, $\partial/\partial\theta=0$ を考慮すると, r, z 方向と θ 方向の運動方程式が互いに分離する. u_r と u_z を支配するこれらの2式と $r=a$ で $\sigma_{rr}=\sigma_{rz}=0$ の境界条件から縦波の分散関係式を導くことができる:

$$\frac{2p}{ka}(1+q^2)J_1(pka)J_1(qka) - (q^2-1)^2 J_0(pka)J_0(qka)$$
$$= 4pq J_1(pka)J_0(qka) \quad (5.35)$$

ここで, $p^2 = c^2/c_P^2 - 1$, $q^2 = c^2/c_S^2 - 1$, J_0 と J_1 は(第1種)ベッセル関数である. 位相速度 c は, p と q を介して分散関係式に入っている. 直径 5 mm の条鋼(鋼線)での数値計算の結果を, 5次モードまでについて図 5.20 に示す. すべてのモードの位相速度 c が周波数に依存して変化する. また, これまで見てきた導波管と同じく, 高次モード $(n>1)$ はそれぞれの遮断周波数以上でのみ存在可能である.

基本モード $(n=1)$ に注目して変位 u_r と u_z を調べると, 両者はいつも共存

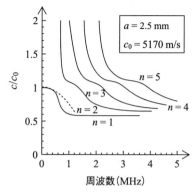

図 5.20 丸棒における縦波の分散曲線.

し,軸方向だけでなく半径方向にも変形が起こっている.長波長の極限(周波数→0)に近づくに従って,u_r は減少して零に漸近し,変形は軸方向に限定されていく.このように変形への拘束が追加されるので,図5.20の分散曲線でも低周波数域で位相速度は漸増している.

この長波長領域での位相速度は,$0<x\ll 1$ に対するベッセル関数の近似式

$$J_0(x) \fallingdotseq 1 - \frac{1}{4}x^2 + \frac{1}{64}x^4 - \cdots, \quad J_1(x) \fallingdotseq \frac{1}{2}x - \frac{1}{16}x^3 + \cdots \tag{5.36}$$

を式(5.35)に用いると

$$c = \frac{\omega}{k} = c_0 \left(1 - \frac{1}{4}\nu^2 k^2 a^2\right) = c_0 \left[1 - \nu^2 \pi^2 \left(\frac{a}{\Lambda}\right)^2\right] \tag{5.37}$$

となる.波長を $\Lambda = k/2\pi$ で表記した.$\Lambda \to \infty$ での位相速度 c_0 は,ヤング率 E に対して $c_0 = \sqrt{E/\rho}$ で,$c_0 < c_P = \sqrt{(\lambda+2\mu)/\rho}$ である.c_0 と c_P の間には,たとえば,アルミニウムであれば $c_0 = 5.11$ km/s(例題2.12)と $c_P = 6.42$ km/s(表5.1)の差がある.この位相速度は半径とは独立に弾性定数と密度だけから決まり,棒の断面形状や寸法は反映されない.

図5.20に破線で示すように,長波長域での分散曲線は放物線で近似できる.また,式(5.37)でポアソン比 $\nu = 0$ の特別なとき分散性は生じない.軸方向の縦振動に半径方向の変形が伴い,そのために分散性が誘起されることを示唆している.図5.21は,長さ2m,直径5mmの条鋼においてパルス状の励起

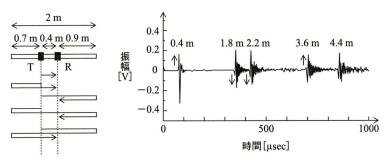

図 5.21 丸棒における分散性縦波の観察例．T で励起，R で受信．矢印は初動の極性を，数値は伝播距離を示す．［大阪市立大学 山嵜友裕教授による実験結果］

信号に対して観測された信号波形である．低周波数域であるため信号は基本モードだけで構成されている．両端で 1 回あるいは 2 回の反射を経た受信信号を順に見ていくと，分散性のために，伝播するとともに波の幅が広がり振幅が減少していくこと，また，長波長であるほど位相速度が大きいことが確認できる．さらに，この実験に使用した磁歪型超音波センサは応力変動を検出するが，自由端で応力波が反射する際に位相が反転することも初動の極性から確認できる（ただし，伝播距離 4.4 m の信号では不明瞭である）．

○ねじり波

ねじり変形では，断面が中心軸のまわりに回転し，周方向の変位 u_θ だけが生じる．r, z 方向の運動と分離した θ 方向の運動方程式（式(5.33)の第 2 式）に $u_\theta = U_\theta(r)\exp[i(kz-\omega t)]$ を代入すると

$$\left[\frac{d^2}{dr^2} + \frac{1}{r}\frac{d}{dr} + \left(q^2 - \frac{1}{r^2}\right)\right] U_\theta(r) = 0 \tag{5.38}$$

となる．このベッセルの方程式の解を含めて u_θ は

$$u_\theta = [AJ_1(kqr) + BY_1(kqr)]\exp[i(kz-\omega t)] \tag{5.39}$$

のように得られる．A, B は未定定数であるが，$r \to 0$ で第 2 種ベッセル関数（☞付録 A.4）は $Y_1(r) \to -\infty$ であるので $B=0$ でなければならない．この結果に境界条件（$r=a$ で $\sigma_{r\theta}=0$）を用いれば，分散関係式は $J_2(kqa)=0$ となる．す

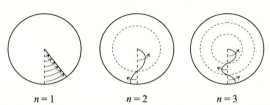

図 5.22 ねじりモード(n)における周方向変位 $U_\theta(r)$. 破線は節を示す.

なわち,ねじり波の位相速度はベッセル関数 J_2 の零点(順に $0, 5.135\cdots, 8.417\cdots, \cdots$)から決まる.これらを $j_{2,n}$ とすると,

$$\frac{\omega^2}{c_S{}^2} - k^2 = \left(\frac{j_{2,n}}{a}\right)^2 \tag{5.40}$$

の分散関係となる.$j_{2,1}=q=0$ は基本モードに対応し,$c=c_S$ の非分散性波動である.このモードの $U_\theta(r)$ については,$q=0$ を直接式(5.38)に代入すると簡単に積分できて,$U_\theta(r)=Ar$ となる(もう1つの解 $1/r$ は $r=0$ で発散するので除く).基本ねじりモードでは,静的なねじりと同じように周方向変位が半径に比例するが,高次モードではその変位はベッセル関数 $J_1(r)$ で表されるので少し複雑になり,半径の途中に節ができる.図 5.22 に第3モードまでの変位分布を示す.

例題 5.6 基本ねじりモード 材料力学をもとに基本ねじりモードの波動方程式を導いてみよう.

解 図 5.23 のように,z 断面にねじりモーメント T がはたらき,dz だけ離れた断面では $T+dT$ であったとする.断面の回転角を $\phi(z,t)$ とすれば,両断面のねじりモーメントの差が幅 dz の微小区間に角加速度 $\dfrac{\partial^2 \phi}{\partial t^2}$ を生む.「慣性モーメント×角加速度=作用するモーメント」から

$$\rho I_P dz \frac{\partial^2 \phi}{\partial t^2} = dT = \frac{\partial T}{\partial z} dz \tag{5.41}$$

となる.I_P は極慣性モーメントで,半径 a に対し $I_P = \pi a^4/2$ である.単位長さあたりのねじれ角 $\dfrac{\partial \phi}{\partial z}$ を用いると,ねじりモーメントは $T=$

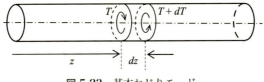

図 5.23　基本ねじりモード.

$\mu I_P \dfrac{\partial \phi}{\partial z}$ (μ：剛性率) で与えられるので，上式に代入して ϕ に対する波動方程式

$$\frac{\partial^2 \phi}{\partial t^2} = \frac{\mu}{\rho} \frac{\partial^2 \phi}{\partial z^2} \tag{5.42}$$

が得られる．

このように 1 次元変形の記述にとどまる材料力学から出発すると，長波長域の弾性波しか扱えず，高次モードは現れない．縦波についても同じで，「質量×加速度＝力」から長波長域での位相速度 $c_0 = \sqrt{E/\rho}$ を導くことができるが，これ以上の議論はできない．

○曲げ波

曲げ波は 3 つの変位成分すべてを含むため，式 (5.33) の運動方程式 3 つを連立させて解かねばならない．しかし，このままでは複雑すぎて解析的に解くことができないので，変位を

$$\mathbf{u} = \operatorname{grad} \phi + \operatorname{rot} \mathbf{\Psi} \tag{5.43}$$

のようにスカラーポテンシャル ϕ とベクトルポテンシャル $\mathbf{\Psi}$ を使って分解する．第 1 項は縦波による変形を，第 2 項は横波による変形を表現している．渦なし流れ (☞付録 C.4) に対する速度ポテンシャルに似た発想であるが，従属変数が 4 個に増える．ここでは，rot $\mathbf{\Psi}$ が純粋なせん断変形 (横波) を表すものと考えて div $\mathbf{\Psi} = 0$ の付随条件を加える．この手順によって，運動方程式を境界条件のもとに解くことが可能であるが，詳しい導出は省略する．無数のモードが存在することはこれまでと同じであり，すべてが分散性を有する．

その基本モードだけは材料力学から容易に導くことができる．曲げ波では軸

方向に対して垂直な方向に変位(たわみ)が生じる．これを y と書く．棒が横方向に振動するときに生じる慣性力が分布荷重としてはたらくと考えて，細い棒の曲げについて成り立つ「はり理論」を適用すればよい．静的な分布荷重 w を単位長さあたりの慣性力 $-\rho S \partial^2 y/\partial t^2$ でおきかえて

$$EI\frac{\partial^4 y}{\partial x^4} = w \tag{5.44}$$

に代入すれば

$$\rho S\frac{\partial^2 y}{\partial t^2} + EI\frac{\partial^4 y}{\partial x^4} = 0 \tag{5.45}$$

となる．棒は一様であり，その断面積を S，断面2次モーメントを I とした ($I=\pi a^4/4$)．この結果，基本曲げモードは波動方程式に従わない波であり，その分散関係式は $\omega=\sqrt{EI/\rho S}\,k^2$ になる．高周波数ほど位相速度が大きくなる分散性波動で，ラブ波や棒の縦波基本モードなどと逆の，表面張力波 (☞§6.4) と同じ傾向の分散性である．なお，棒の断面形状や寸法は断面2次モーメントと断面積の比を介して伝播速度に寄与しているだけなので，この結果は丸棒以外にもあてはまる．

例題 5.7 ピアノの弦　ピアノは，弦をハンマーで打って楽音を出す．弦には，強い張力に耐えるよう鋼線が使用されるので，3章で考えたしなやかな弦とは違って曲げに対する抵抗力(曲げ剛性)をもっている．張力 T ではられているそのようなピアノの弦に生じる横波を調べてみよう．

解　弦に作用する復元力が張力と曲げ剛性であり，両者の効果が単純に加算できるとする．弦に生じる横変位 y を支配する運動方程式は，式(3.3)と式(5.45)を組み合わせた

$$\frac{\partial^2 y}{\partial t^2} = \frac{T}{\rho S}\frac{\partial^2 y}{\partial x^2} - \frac{EI}{\rho S}\frac{\partial^4 y}{\partial x^4} \tag{5.46}$$

である(レイリー卿が最初にこの運動方程式を与えている)．式(3.3)の c に含まれる ρ は線密度であるので，断面積を S として ρS で置き換えた．分散関係式は，したがって，$\dfrac{\omega}{k}=\sqrt{\dfrac{T}{\rho S}+\dfrac{EI}{\rho S}k^2}$ となり，曲げ剛

性があるために位相速度は大きくなり，また分散性が加わってくる．

これをもとに，両端をピン留めした長さ l の弦の固有振動数を §3.5 にならって求めると，

$$f_n \fallingdotseq nf_0\sqrt{1+\frac{\pi^2 EIn^2}{Tl^2}} \qquad (5.47)$$

となる．f_0 は曲げ剛性 $EI \to 0$ のときの基本固有振動数であり，n は次数を示す．この共振の基準関数は $\sin(n\pi x/l)$ で，曲げ剛性がない弦と変わらない．共振モードの形状が，長さと境界条件，およびモードの次数から決まるためである．しかし，固有振動数は，同じ張力の弦より大きくなり，その差は高次モードほど増大する．高次モードでは弦により大きい曲率の曲げ変形が生じるが，この効果を反映した結果である．両端を固定した場合は，さらに剛性の影響が大きくなると予測される．特に興味深いのは，高次モードの固有振動数が分散性のために基本固有振動数の整数倍ではないことである．この非調和性を抑制するには，細い弦を強く張ることが要求されるが，それは高張力鋼を使用することによって実現している．その結果，実際のピアノでは式(5.47)内の n^2 の係数は $10^{-2} \sim 10^{-4}$ の大きさとなっている．

5.6 薄板の共振

弦を伝わる横波の延長として例題3.11で膜の共振を調べた．同じように，弾性体でできた薄板の共振は細い棒に生じる曲げ波の延長上にある．最後にこの現象を眺めてみよう．

一定の板厚 h をもつ薄い弾性板に生じる小さいたわみの曲げ波を考えよう．平衡状態で板が xy 面にあるとすると，これに垂直な方向の変位 w を記述する運動方程式は弾性力学から導出される

$$\frac{\partial^2 w}{\partial t^2}+\alpha^2\left(\frac{\partial^4 w}{\partial x^4}+2\frac{\partial^4 w}{\partial x^2 \partial y^2}+\frac{\partial^4 w}{\partial y^4}\right)=0 \qquad (5.48)$$

である．導出は略すが，式(5.45)を2次元に拡張した形となっている．$\alpha^2 = \dfrac{Eh^2}{12\rho(1-\nu^2)}$ である．

5.6 薄板の共振

§3.6 と同様に大きさ $a \times b$ の長方形平板を取り上げることにすると,この平板が各辺でどのように支持されているかによって考えるべき境界条件が違ってくる.全く拘束のない自由端($\partial^2 w/\partial x^2 = \partial^3 w/\partial x^3 = 0$),変位は拘束されるが回転が自由な単純支持($w = \partial^2 w/\partial x^2 = 0$),変位と回転の両方が拘束される固定端($w = \partial w/\partial x = 0$)などが典型的で,それぞれによって共振モードは当然異なる.個々の問題の詳しい議論はしないが,試みに膜に対する運動方程式(3.30)の解

$$w(x, y, t) = A e^{i\omega t} \sin \frac{m\pi x}{a} \sin \frac{n\pi y}{b} \tag{5.49}$$

を式(3.32)から式(5.48)に代入してみると,これを満たすことがわかる.ただし,固有角振動数については

$$\omega = \pi^2 \alpha \left(\frac{m^2}{a^2} + \frac{n^2}{b^2} \right) \tag{5.50}$$

でなくてはならない.さらに,この解は $x=0$,a および $y=0$,b における単純支持の境界条件も満たしている.すなわち,支配する方程式が異なるにも関わらず,これがしなやかな膜と弾性薄板両方の厳密解であることになる.共振周波数は媒質の違いを反映しているが,共振における振幅分布を決めるとき境界条件が重要な役割を果たしていることを示唆している.そのことは,すでに弦や気柱,あるいはピアノの弦(例題 5.7)の共振でも見たとおりである.

クラドニ(Ernst Florens Friedrich Chladni)は 1787 年に音響学に関する著書を発表している.この中で,中央で水平に支えた丸いガラス板や正方形の金属板に細かな砂をまき,各共振モードでの節線を可視化する方法を紹介している.バイオリンの弓で板のふちをこすって加振すると,薄板に曲げ波が発生する.多重反射を経て共振が形成されると,その振動の腹にあった砂粒は跳ね飛ばされ,振動のない節の付近に集まる.周縁の複数の位置を指で押さえて節とし,その中間(振動の腹)を加振することによって見たい共振モードを選択した.この実験を説明する厳密な理論は,多くの試みの後に 1850 年になってキルヒホッフが導いた.今日でもこの問題は理論・実験の両面から研究者に少なからぬ興味を与えている.図5.24 は,円板でのそのようなクラドニ図の観察例である.バイオリンの弓の代わりに電磁気的な加振器を使用し,所定の周波

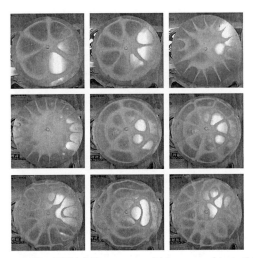

図 5.24 黄銅の円板(直径 300 mm,厚さ 0.5 mm)におけるクラドニ図の観察例.共振振動数は左上から右下へと増加している.

数の振動を信号発生器によって与えている.

◆第 5 章の演習問題◆

5.1 $n=1$ の横波共振モードで振動している平板の片面にわずかな質量 m の物質が一様に付着したとする.固有振動数はどのように変化するか調べよ.

解 板の表面積(片面)を S,厚さを l とすると,その質量は $M=\rho Sl(\gg m)$ である.付着物がない状態での基本共振モードは,例題 5.2 で求めたように $u_y(x,t)=Ae^{i\omega t}\cos kx$ である $(k=\pi/l, \omega=\pi c_S/l)$.付着物はごく微量であるため $\cos kx$ の振動分布の形に変化はなく,振動数と波数がわずかにずれるだけで,$u'_y(x,t)=A'e^{i\omega' t}\cos k'x$ に変化すると考える $(k'=k+\Delta k, \omega'=\omega+\Delta\omega)$.$\Delta\omega=c_S\Delta k$ である.

付加質量 m は共振する板とともに振動し,その慣性を通じて振動への抵抗として作用する.したがって,表面 $x=l$ でのせん断応力と単位面積あたりの慣性力のつり合いから $\mu\left.\dfrac{\partial u'_y}{\partial x}\right|_{x=l}=-\left.\dfrac{\partial^2 u'_y}{\partial t^2}\right|_{x=l}\times\dfrac{m}{S}$ が課すべき境界条件である.これに,上の $u'_y(x,t)$ を代入すれば $\mu k'\sin k'l=-m\omega'^2\cos(k'l)/S$ が得られる.$\Delta k/k\ll 1$ を考慮して微小量を無視し,$\cos kl=-1, \sin kl=0$ を

反映すれば，$\mu k \Delta k l = -\omega^2 m/S$ を導くことができ，

$$\frac{\Delta \omega}{\omega} = -\frac{m}{M}$$

の簡単な関係に行き着く．付加質量によって共振周波数は減少することと，その変化率は質量比に比例することがわかった．また，共振周波数は板厚に逆比例するので，$\Delta \omega$ の変化量は(板厚)^2 に逆比例して増加する．水晶振動子に付着する微量の質量をその共振周波数変化から検出する技術が QCM(水晶微小天秤)であるが，高感度化を目指すには電極を除去し，より薄い水晶振動子を使用しなくてはならないことを示している．

5.2 フェルマーの原理によると，波は最短時間で達する経路をたどって媒質内の 2 点間を伝播する．これを利用して式(5.14)のスネルの法則を導出せよ．

解 下図において境界面にある点 C を経由して点 A から点 B に伝わる経路を考える．それぞれの媒質は均質であり，弾性波は直進することから，到達時間は

$$t = \frac{\sqrt{x^2 + d_1{}^2}}{c_{S1}} + \frac{\sqrt{(l-x)^2 + d_2{}^2}}{c_{S2}}$$

になる．この t の極小値を与える点 C の位置は，$dt/dx=0$ から求めることができる．$\sin\theta_1 = x/\sqrt{x^2+d_1{}^2}$ および $\sin\theta_2 = (l-x)/\sqrt{(l-x)^2+d_2{}^2}$ を考慮すると，

$$\frac{dt}{dx} = \frac{x}{c_{S1}\sqrt{x^2+d_1{}^2}} - \frac{l-x}{c_{S2}\sqrt{(l-x)^2+d_2{}^2}} = \frac{\sin\theta_1}{c_{S1}} - \frac{\sin\theta_2}{c_{S2}} = 0$$

が得られ，不思議なほど簡単にスネルの法則を導くことができた．

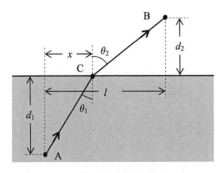

フェルマーの原理と屈折角．

5.3 両端が単純支持された一様なはりに生じる横振動の固有角振動数を求めよ．

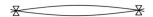

解 曲げ波の基本モードに対する式(5.45)を，$y(x,t)=X(x)T(t)$ とおいて変数分離法で解く．代入すると，

$$-EI\frac{d^4X}{dx^4}\Big/\rho SX = \frac{d^2T}{dt^2}\Big/T$$

となるが，左辺は x のみの，右辺は t のみの関数であるので，一定値でなければならない．振動する解が存在することを想定して，この一定値を $-\omega^2$ とおけば，

$$\frac{d^2T}{dt^2}+\omega^2T=0, \qquad \frac{d^4X}{dx^4}-\alpha^4X=0$$

となる．$\alpha^4=\rho S\omega^2/EI$ とした．後者の解を $X(x)=e^{px}$ とすれば $p^4-\alpha^4=0$ であり，その根は $\pm\alpha, \pm i\alpha$ になる．この結果，$C_1\sim C_4$ を未定定数として

$$X(x) = C_1\cosh\alpha x+C_2\sinh\alpha x+C_3\cos\alpha x+C_4\sin\alpha x$$

のように一般解が得られる．

4つの未定定数は，今の場合は両端で変位と曲げモーメントが零，すなわち $X(0)=X''(0)=X(l)=X''(l)=0$ の境界条件から $C_1=C_2=C_3=0$ および $C_4\sin\alpha l=0$ と決まる．この結果，固有角振動数は $\sin\alpha l=0$ を満たす $\alpha_n=n\pi/l$ から，

$$\omega_n = \Big(\frac{n\pi}{l}\Big)^2\sqrt{\frac{EI}{\rho S}}$$

となる $(n=1,2,3,\cdots)$．基準関数は，$X_n(x)=A_n\sin(n\pi x/l)$ である．この場合も，共振の振幅分布を決める点で境界条件が支配的である．

5.4 上と同じ問題に対して振幅分布を放物線形状と仮定し，レイリー法(§2.2)に従って近似的に基本固有角振動数を求めよ．また，はりに一様な分布荷重が作用するときに生じる静たわみ曲線を試みよ．

解 運動エネルギー K とポテンシャルエネルギー U は，$y(x,t)=X(x)\cos\omega t$ の振動に対して

$$K = \frac{1}{2}\int_0^l \rho S\left(\frac{\partial y}{\partial t}\right)^2 dx = \frac{\omega^2}{2}\int_0^l \rho S X^2 \sin^2\omega t\, dx$$

$$U = \frac{1}{2}\int_0^l EI\left(\frac{\partial^2 y}{\partial x^2}\right)^2 dx = \frac{1}{2}\int_0^l EI\left(\frac{\partial^2 X}{\partial x^2}\right)^2 \cos^2\omega t\, dx$$

である．レイリー法により，$K_{\max}=U_{\max}$ とすれば，

$$\omega^2 = \int_0^l EI\left(\frac{\partial^2 X}{\partial x^2}\right)^2 dx \bigg/ \int_0^l \rho S X^2 dx$$

から固有角振動数を求めることができる．

　粗い仮定であるが，振幅分布が放物線形状であるとして，これに $X(x)=x(x-l)$ を代入すると $\omega=\dfrac{2\sqrt{30}}{l^2}\sqrt{\dfrac{EI}{\rho S}}\fallingdotseq\dfrac{10.954}{l^2}\sqrt{\dfrac{EI}{\rho S}}$ となる．演習問題5.3で求めた基本固有角振動数($n=1$)の厳密解と比べると，約 11% の誤差である($\pi^2\fallingdotseq 9.8696$)．つぎに，一様な分布荷重に対するたわみ曲線 $X(x)=x^4-2lx^3+l^3x$ を用いると，$\omega=\sqrt{\dfrac{3024}{31}}\dfrac{1}{l^2}\sqrt{\dfrac{EI}{\rho S}}\fallingdotseq\dfrac{9.8767}{l^2}\sqrt{\dfrac{EI}{\rho S}}$ で，厳密解とはわずか 0.07% の誤差で一致する．近似の程度は，このように仮定する振幅分布に依存する．また，レイリー法は真値より必ず大きい固有角振動数の近似値を与える．この理由を考えてみよう．

5.5 ワイングラスの縁をぬれた指でこすると澄んだ音が響く．グラスを薄肉の円筒とみなしてその固有振動数を求めよ．

解 グラスに水を入れてこの音を発生させるとグラスに接した部分の水面に波紋が生じ，グラス壁面は半径方向に振動していることがわかる(ファラデー(Michael Faraday)は，1831年にこの繊細な波紋を観察し，メカニズムを議論している)．このことから，半径方向の変位 w をともなう曲げ波の共振による音と考えられる．さらに，グラスが十分薄肉であれば，つまり厚さと半径の比が十分小さければ，この波は平板での曲げ波と同等とみなすことができる．したがって，x 座標をグラスの周方向にとると，w は式(5.48)から $\dfrac{\partial^2 w}{\partial t^2}+\alpha^2\dfrac{\partial^4 w}{\partial x^4}=0$ に従うことになる $\left(\alpha^2=\dfrac{Eh^2}{12\rho(1-\nu^2)}\right)$．これより，分散関係式として $\omega=\alpha k^2$ が得られる．

　半径が a のとき，共振状態では周長 $2\pi a$ の中に整数個の波長が入るので，整数 n に対して波数が $k=n/a$ である．分散関係式から，固有角振動数は $\omega_n=\alpha(n/a)^2$ となり，h/a^2 に比例すること，また n 次の共振モードは基本モード($n=1$)の n^2 倍の振動数をもつことがわかる．低次の3つの共振モードを下図に示すが，実際には第2固有振動数の音を聴いていると考えられる．具体的に，$a=40$ mm, $h=0.8$ mm, $E=70$ GPa, $\nu=0.23$, $\rho=2.5\times 10^3$ kg/m^3 を代入すると，第2固有振動数は $f_2=\omega_2/2\pi=497$ Hz となる．

　この音の振動数は，グラスに入れる水の量とともに低くなることも観察できる．この原因のひとつは演習問題 5.1 の場合と同じで，付加質量が増えたためである．ただし，これだけではなく水面にできる短波長の波とグラスの曲げ波とが連成振動している可能性もあり，さらには振動のエネルギーが水面の波として漏洩することから，減衰にともなう固有振動数の低下も考えられる．

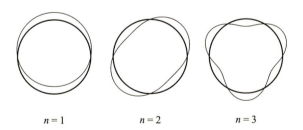

$n=1$　　　　　$n=2$　　　　　$n=3$

5.6 弦を伝わる波について運動エネルギーとポテンシャルエネルギーがつねに等しいことを知った(§3.2)．このことを棒における長波長極限での縦波基本モードについて確認せよ．

解 弾性体ではひずみエネルギー U がポテンシャルエネルギーに相当する．弾性力学によれば単位体積あたりのひずみエネルギー dU は，総和規約を使って

$dU = \frac{1}{2}\sigma_{ij}\varepsilon_{ij}$ と書ける．長波長極限での縦波基本モードでは，変位は軸方向の $u_z = f(z-ct)$ だけが，また応力も軸方向成分 $\sigma_{zz} = E\varepsilon_{zz} = Ef'(z-ct)$ だけが生じるので，$dU = \frac{1}{2}Ef'^2(z-ct)$ となる．ここで S を断面積とすると，断面内で変形は均一であることから，棒の単位長さについて $U = \frac{1}{2}ESf'^2(z-ct)$ である．一方，運動エネルギー K は，同じく単位長さについて $K = \frac{1}{2}\rho S\left(\frac{\partial u_z}{\partial t}\right)^2 = \frac{1}{2}\rho S c^2 f'^2(z-ct)$ である．$c^2 = E/\rho$ であることを考えると，U と K はつねに等しい．

水 の 波

　海や池のような水の自由表面は，風や投げ入れられた小石などによって乱されたとき，もとの静かな状態に戻ろうとして運動を始め，それが表面に沿って伝わる．これを「水の波」という．海に発生する波のエネルギースペクトルと発生原因を模式的に図 6.1 に示す．周期が大きい順に，潮汐，高潮・津波，風波・うねり，さざなみ，などの名称でよばれている[*1]．水中音波ではわずかな圧縮性がその復元力であったが，水の表面に発生する波では重力が復元力となる．水面に凹凸ができるとこれを水平に戻そうとするが，慣性力のために平衡位置を通り過ぎ，水面を反対方向に変形させる．ばねと同様な作用であり，このとき生じる波を重力波という．また，非常に波長の小さい波では，表面張力が水面の凹凸を平らにしようとして復元力となる．これが表面張力波である．これら 2 つの復元力を持つ水の波の力学がこの章の主題である．

　水の波は身近に観察できる最もなじみのある波動現象であるが，そのメカニズムを読み解くには他の媒質での波動より少し多くの数学的な手順を必要とする．その道筋をできるだけ略すことなくたどってみよう．また，代表的な分散性波動であることから，本章において位相速度と群速度の違いと，それを原因とする興味深い現象についてまとめて議論することとする．とくに群速度の重要性を強調したい．最後に，これも分散性のために生じる航跡波について考え

　[*1] 漢字においても，さまざまな「なみ」の形態を異なる文字で区別することがある．漣（れん）はさざなみや波紋を，浪（ろう）・濤（とう）・瀾（らん）は大きな波やうねりを，灩（えん）は水面が揺れ動くことを意味している．

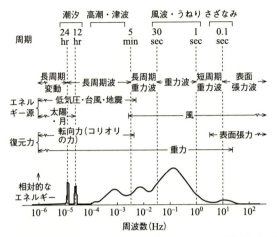

図 6.1 海面に現れる波動のエネルギースペクトル(模式図).[『ハワイの波は南極から』永田豊,丸善(1990) P.72 より]

ることとする.

【キーワード】

水の波　water wave	静振(セイシュ)　seiche, sloshing
潮汐　tide	分散性波動　dispersive waves
津波　tsunami	単色波　monochromatic wave
うねり　swell	うなり　beat
風波　wind wave	搬送波　carrier wave
さざなみ　ripple, wavelets	包絡線　envelope
重力波　gravity wave	群速度　group velocity
表面張力波　capillary wave	波束　wave packet
浅水波　shallow-water wave	航跡波　ship wave
深水波　deep-water wave	吹送距離　fetch
表面波　surface wave	

6.1　長波長の波

　波だけではないが,ゆるやかな水の運動は,完全流体(非粘性・非圧縮)の近似によってうまく説明できる.図6.2のように静止した水面$y=0$に沿ってx

6.1 長波長の波

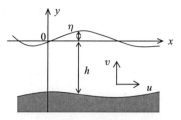

図 6.2 座標系.

 方向に伝わる1次元の波を考えよう．水粒子は，xy 面内で2次元的な運動をする．水深を $h(x)$ とし，z 方向には一様な変化を仮定する．水面の盛り上がりを $\eta(x,t)$ で表す．

 粒子速度を (u,v) とおく．圧力 p とともに (x,y,t) の関数である．これらを支配する2次元の運動方程式(☞付録 C.2)は

$$\rho\left(\frac{\partial u}{\partial t}+u\frac{\partial u}{\partial x}+v\frac{\partial u}{\partial y}\right)=-\frac{\partial p}{\partial x} \tag{6.1}$$

$$\rho\left(\frac{\partial v}{\partial t}+u\frac{\partial v}{\partial x}+v\frac{\partial v}{\partial y}\right)=-\frac{\partial p}{\partial y}-\rho g \tag{6.2}$$

である．ここで，ρ は密度，g は重力加速度でともに定数である．この2つの微分方程式は非線型であり，このまま連続の式とともに解くことは非常に困難であるため，2つの近似を行う．

(i) 線型近似：左辺において，粒子速度に関する2次の項を全て無視する．これは，$|\eta|\ll h$ を考えていることに相当する．

(ii) 長波長近似：波長が水深より十分大きいとする．逆に言えば，波長に比べて浅い水を考えていることになる．実際の深浅とは無関係である．このとき，水はほぼ水平に運動し，y 方向の加速度は $|\partial v/\partial t|\ll g$ である．

 つまり，$|\eta|\ll h\ll$ 波長の近似を行う．この結果，式(6.2)の左辺は零になり，簡単に積分できて圧力 p が与えられる．水面 $y=\eta(x,t)$ での圧力は大気圧 p_∞ に等しいので，

$$p(x,y,t) = p_\infty+\rho g(\eta-y) \tag{6.3}$$

となる*2. これを線型化した式(6.1)に代入すれば,

$$\frac{\partial u}{\partial t} = -g\frac{\partial \eta}{\partial x} \tag{6.4}$$

が得られる. $\eta(x,t)$ は y に独立なので,速度成分 u も y に依存しない. つまり,水は柱のように垂直なまま水平方向に振動することになる(これが,津波がもつ大きなエネルギーの由来である). 水面から底まで一様に運動し,当然,底の影響を受けた波動現象となるが,今は粘性を無視しているのでその影響はない.

つぎに,図6.3のように厚さ dx の薄い領域における単位時間あたりの質量増加が,左右の面から流入出する質量の差に等しいと考えれば,

$$\frac{\partial}{\partial t}[(\eta+h)dx] = -\frac{\partial}{\partial x}[u(\eta+h)]\,dx \tag{6.5}$$

になる. これは,連続の式を考えることと同じである. ここで,再び $|\eta|\ll h$ によって線型近似すれば,

$$\frac{\partial \eta}{\partial t} = -\frac{\partial}{\partial x}(hu) \tag{6.6}$$

になる. 式(6.4)と式(6.6)から, η あるいは u を消去して次式を得る:

$$\frac{\partial^2 (hu)}{\partial t^2} = gh\frac{\partial^2 (hu)}{\partial x^2}, \qquad \frac{\partial^2 \eta}{\partial t^2} = g\frac{\partial}{\partial x}\left(h\frac{\partial \eta}{\partial x}\right) \tag{6.7}$$

さらに,水深 h が一定であれば u と η は同じ波動方程式

$$\frac{\partial^2 u}{\partial t^2} = c^2\frac{\partial^2 u}{\partial x^2}, \qquad \frac{\partial^2 \eta}{\partial t^2} = c^2\frac{\partial^2 \eta}{\partial x^2} \tag{6.8}$$

に支配される. このとき波の伝わる速度は,

$$c = \sqrt{gh} \tag{6.9}$$

で与えられる. 水の波は表情が豊かであり波長に応じてさまざまな形態をとる

---

*2 波高を測定するために沿岸の海底に圧力センサが設置されている. 津波のような浅水波が通過すると,式(6.3)により波の峰と谷における圧力差として検知され,海底ケーブルによって陸上の観測所に伝えられる. 近年では,GPSを利用する方法や人工衛星から波高を直接測定する方法もとられている.

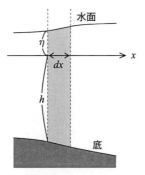

図 6.3 質量の保存.

が，波動方程式に従うのはこの長波長の波，すなわち浅水波だけである．

u に対する前進波の解を $u=f(x-ct)$ とおくと，$\eta=(c/g)f(x-ct)$ であることが式(6.4)あるいは式(6.6)から導くことができる．両者は同じ関数形をもつ．したがって，水面が盛り上がった部分では，水は波の進行方向に動き，くぼんだ部分では反対方向に動くことになる．

波速は $c=\sqrt{gh}$ であり，深いところほど大きな速度になる．振幅はもちろん，周波数・波長・密度に依存しない．復元力である重力と慣性力の両方が密度に比例するため，その比から決まる伝播速度は密度を含まない．この点は単振り子の固有角振動数(例題2.1)に似ている．

遠浅の海岸に打ち寄せる波は海岸線にほぼ平行であるが，$c=\sqrt{gh}$ に従って光の屈折と同様な伝播方向の変化が連続的に発生したと考えれば説明がつく．岬の先端に波が集中するのも同じメカニズムである．また，このような波が外洋から海岸に近づくと，水深が浅くなることに反応して先行する波の波速が遅くなり，進行方向に波が圧縮される．狭い部分にエネルギーが集中するので，波高が増大し，いわゆる波の突立ちが起こる．突立ちが起こったところでは，先の線型近似はもはや成立せず，波は $c=\sqrt{g(h+\eta)}$ の速さで伝わると考えられる．この結果，盛り上がった箇所で速く，くぼんだ箇所で遅くなり，波頭はいっそう険しくなり，最後は砕けていく．

例題 6.1　津波の伝播速度　太平洋の平均水深は約 4100 m であるが，津波は非常に波長が長く太平洋の最深部においても浅水波の性質をもっている．周期が 10 分の津波の伝播速度と波長を求めてみよう．また，ハワイ諸島など太平洋上の島は，太平洋を横断する津波にとってどのような効果をもたらすかも考えてみよう．

解　伝播速度は，$c=\sqrt{gh}$ から $c=201$ m/s$=722$ km/h であるので空気中の音速の 2/3 弱の速さである(§4.1)．波長は，$\lambda=cT$ から 120 km となり，水深より十分長く浅水波の近似が適切であることがわかる．図 6.4 は，1960 年 5 月 22 日(現地)のチリ地震(M=9.5)による津波が伝播する様子を示している．チリ沖から日本列島までの 16000 km を約 22 時間で到達して三陸海岸を中心に被害をもたらした．経路の途中にあるハワイ諸島では，その周辺の水深が浅いため伝播速度 c が小さくなり，光に対する凸レンズと類似の効果をもたらしたことが同図からも推測される．なお，外洋における津波はゆったりとした海面の盛り上がりでしかなく，船舶の航行に支障はない．

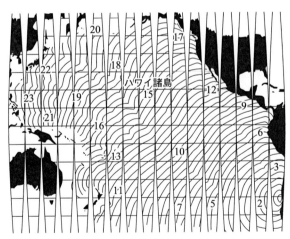

図 6.4　チリ津波の伝播図．発生から 30 分毎に第 1 波の峰線を表示している．

6.2 静振

上の議論を湖や水槽など限られた空間内での浅水波(長波長の波)に拡張し,そこに発生する定在波の固有振動数を求めてみよう.この現象を静振というが,最近では英単語を訳さずスロッシングとよぶことが多い.長周期地震波による石油貯蔵タンクなどの液面揺動の問題とも関連する.

静止状態の水平面内に (x,y) 座標を,鉛直方向に z 軸をとる(図 6.5).線型近似と長波長近似を続けて適用すれば,xy 面内の粒子速度 $\mathbf{v}=(u,v)$ と水面の盛り上がり η はともに (x,y,t) の関数となる.これらを支配する基礎式は,式(6.4)と式(6.6)を 2 次元に拡張して

$$\frac{\partial \mathbf{v}}{\partial t} = -g\nabla \eta, \qquad \frac{\partial \eta}{\partial t} = -\nabla \cdot (h\mathbf{v}) \tag{6.10}$$

のように得られる.ここで,$\nabla \equiv (\partial/\partial x, \partial/\partial y)$ である(☞付録 A.1).未知数を u, v, η の 3 つから 2 つに減らすために,渦なし流れを仮定して,速度ポテンシャル $\Phi(x,y,t)$ を導入する(☞付録 C.4).$\mathbf{v}=\nabla\Phi$ を代入すれば,

$$\frac{\partial \Phi}{\partial t} = -g\eta, \qquad \frac{\partial^2 \Phi}{\partial t^2} = g\nabla \cdot (h\nabla \Phi)$$

となり,さらに,水深 h が一定なら,

$$\frac{\partial^2 \Phi}{\partial t^2} = c^2 \Delta \Phi = c^2 \left(\frac{\partial^2 \Phi}{\partial x^2} + \frac{\partial^2 \Phi}{\partial y^2} \right) \tag{6.11}$$

のように 2 次元の波動方程式に帰着する($c^2=gh$).

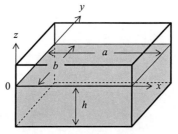

図 6.5 長方形水槽の静振

いつものように調和波解に限定して，$\Phi=\exp(-i\omega t)\phi(x,y)$ の解を考える．これを式(6.11)に代入すれば，(x,y) に関するヘルムホルツ方程式を得る：

$$(\Delta+k^2)\phi = 0 \tag{6.12}$$

$\omega^2/c^2=k^2$ とした．この方程式は，$\phi=A\exp[i(k_x x+k_y y)]$ を解にもつので，最終的に得られる解

$$\Phi = A\exp[i(k_x x+k_y y-\omega t)] \tag{6.13}$$

は，A を振幅とし，角振動数 ω と波数ベクトル $\mathbf{k}(k_x,k_y)$ をもつ2次元領域における浅水波を表している．波数ベクトルの意味については§3.6を参照されたい．

図6.5に示す $a\times b$ の大きさの長方形水槽では，壁に垂直な速度が零であるための境界条件として，$x=0,a$ で $u=\dfrac{\partial\phi}{\partial x}=0$，$y=0,b$ で $v=\dfrac{\partial\phi}{\partial y}=0$ を満たす必要がある．これを適用すると，解は $\phi=A\cos k_x x\cos k_y y$ となり，同時に $k_x a=m\pi$，$k_y b=n\pi\,(m,n=1,2,3,\cdots)$ でなければならないことがわかる．したがって，固有角振動数は，

$$\omega_{mn} = ck = c\sqrt{k_x{}^2+k_y{}^2} = \pi c\sqrt{\dfrac{m^2}{a^2}+\dfrac{n^2}{b^2}} \tag{6.14}$$

で与えられる(例題3.11で導いた膜の固有角振動数および§4.2で議論したダクト内音波の遮断周波数と同じ表式である)．$a>b$ なら，最小の固有角振動数 $(m=1,n=0)$ は，$\omega_{10}=\dfrac{\pi c}{a}=\dfrac{\pi\sqrt{gh}}{a}$ である．例題2.3で，この静振の固有角振動数をレイリー法によって近似的に求めたが，これが長波長近似での解である(例題6.4で長波長近似を用いない厳密な扱いによる解と比較する)．この基本モードでは，図6.6のように，水槽の両端を振動の腹，中央を節とする水位が左右で逆の運動が起こる．また，最初の高次モード$(m=2,n=0)$では，$x=a/4,3a/4$ の位置に節が生じる．浴槽でこのモードを観察するには，腹に相当する水面の中央部を板状のもので上下に周期的に押せばよい．その周期は試行錯誤の中で見つかるであろう．

静振(スロッシング)による容器の液面揺動を抑制するにはどうすればよいだろうか．まずは地震波など予測される加振源の振動数と静振の固有振動数との

6.2 静振

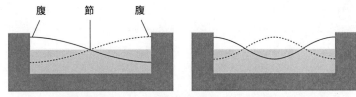

図 6.6 水槽における定在波 ($m=1, 2$ の 2 つのモード).

差を大きくすることである．これは共振を避けたい場合の基本的な考え方である．さらに，定在波が容器内壁で反射を繰り返す進行波の重ね合わせであることに注目すると，断面が円や長方形などの単純な形状ではなく，不規則な形状にすべきである．また，反射波を散乱させる目的から壁面に凹凸を設けることも有効であろう．

例題 6.2 静振の周期 水深 0.5 m, 長さ 1 m の浴槽に生じる最もゆるやかな静振の周期を求めてみよう．また，静振(seiche)の語源はスイスのレマン湖(長さ 70 km, 深さ 150 m が概数)での長周期振動に対するフランス語系の方言とされているが，そこでの周期はどうか．

解 浴槽の水深 0.5 m により $c=2.21$ m/s である．式 (6.14) の ω_{10} から，周期が $T_{10}=2\pi/\omega_{10}=2a/c=0.9$ 秒の静振が生じる．レマン湖では，$c=38.4$ m/s であり，周期はおよそ $T=61$ 分となる[*3]．

例題 6.3 ファンディ湾の干満 世界で最も干満差が大きいことで知られているのがカナダ東海岸のファンディ湾である．潮汐[*4]の周期 12 時間 25 分が，湾を一端開口・他端閉口の振動系としたときの基本固有振動の周

[*3] わが国では，1896 年の明治三陸地震による甚大な津波被害を受け，20 世紀初頭に本多光太郎，寺田寅彦らが全国の湾や入り江，さらには芦ノ湖や琵琶湖などの静振を調査・研究している．

[*4] 潮汐は 1 日にほぼ 2 回海面が昇降する現象で，起潮力の作用によって起きる．起潮力とは，地球が月との共通の重心(地球の中心から半径の約 3/4 の位置)まわりに公転していることによる遠心力と，月からの引力の合力である．この合力は月から見た地球の最近点と最遠点で海面の上昇をもたらす．

期に近いことが±8 m という大きな干満の原因とされている．この推測が正しいと仮定して湾の奥行き約 250 km から湾の平均水深を計算してみよう．また，国内では有明海で最大の干満差が見られる．その一部の諫早湾を干拓すると，有明海全体の干満差がどのような影響を受けるかを考えてみよう．

解 演習問題 4.5 で考えた外耳道における一端開口・他端閉口の気柱の基本固有振動と同じタイプの共振であり，ここでは湾の奥行きが 1/4 波長に一致する(図 6.7)．したがって，$T=4a/c$ が成り立ち，$c^2=gh$ を用いると，$h=16a^2/gT^2$ が得られる．これに，$T=44700$ sec と $a=2.5\times 10^5$ m を代入すれば，$h=51$ m が計算できる．

このような湾における干満は，外洋における潮汐を周期的な外力とする強制振動と見ることができる．§2.4 で学んだように，外力の振動数が振動系(湾)の固有振動数と一致したとき，その振幅(今の場合は干満差)が最大になる．ファンディ湾では実際にこの共振が発生していると考えられている．有明海では，ファンディ湾に比べてその奥行き a は小さく，固有振動数は大きい．すなわち，図 6.8 のように有明海の共振曲線は高振動数側に移動している．諫早湾の干拓事業は，この a をさらに減少させることになるので，干満差は減少するだろうとの推測が可能である．

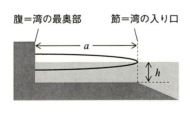

図 6.7 湾における静振の基本モード．

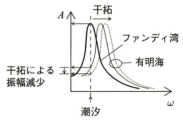

図 6.8 湾の共振曲線(概念図)．

6.3 一般の重力波

ここまでは水深に比べて波長が十分長く，そのため鉛直方向の加速度が重力加速度より十分小さいという長波長近似が成り立つ浅水波を考えてきたが，つぎにこの近似が使えない一般の重力波の振る舞いを調べよう．深い水での解析の結果から水粒子の運動は水面からほぼ波長程度の深さまでに限られることがわかる．このため，大きい水深での波は深水波あるいは表面波とよばれる．いうまでもないが，ここでの議論は粘性が無視できるすべての液体にあてはまる．

1次元波動(水粒子の運動は2次元)を考えることにし，水深 h は一定とする(図6.9)．引き続いて線型近似を用い，さらに渦なし・非圧縮性も仮定する．渦なしの仮定により，速度ポテンシャル $\Phi(x,y,t)$ に対して $\mathbf{v}=\nabla\Phi$ である．また，非圧縮性から ρ は一定であるが，これを連続の式に代入すれば，$\nabla\cdot\mathbf{v}=0$ が導かれる．したがって，速度ポテンシャルはラプラス方程式

$$\Delta\Phi = \frac{\partial^2\Phi}{\partial x^2}+\frac{\partial^2\Phi}{\partial y^2}=0 \tag{6.15}$$

に支配されることになる．これに付随する境界条件は

$$\begin{aligned}&\text{水底}(y=-h): \quad \frac{\partial\Phi}{\partial y}=0 \\ &\text{水面}(y=0): \quad \frac{\partial^2\Phi}{\partial t^2}+g\frac{\partial\Phi}{\partial y}=0\end{aligned} \tag{6.16}$$

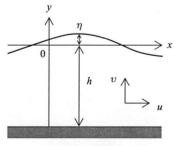

図 6.9　座標系.

の2つである．前者は，水底で速度の鉛直成分 v が零であることを要求している．後者は，水面 $y=\eta(x,t)$ にある粒子が常に水面に留まることと圧力は大気圧 p_∞ で一定であることから線型近似のもとで以下のように導出される．水面の盛り上りは $\eta(x,t)$ であるので，表面での y 方向の速度成分として，

$$\left.\frac{\partial \Phi}{\partial y}\right|_{y=0} = \frac{\partial \eta}{\partial t} \tag{6.17}$$

が得られる．また，表面に対する圧力方程式(拡張されたベルヌーイの定理☞付録 C.5 の式(C.16))

$$\frac{\partial \Phi}{\partial t} + \frac{1}{2}|\mathbf{v}|^2 + \frac{p_\infty}{\rho} + gy = F(t) \tag{6.18}$$

において，右辺の任意関数を $F(t)=p_\infty/\rho$ と選び，速度に関する2乗の項を無視すれば，水面 $y=\eta(x,t)$ において

$$\eta = -\frac{1}{g}\left.\frac{\partial \Phi}{\partial t}\right|_{y=0} \tag{6.19}$$

の関係を得る．この η を式(6.17)に代入すれば，水面での境界条件である式(6.16)の第2式が導かれる．

Φ の解として，$\Phi=f(y)\cos(kx-\omega t)$ を仮定しよう．考えている波が水面に沿って x の正方向に伝播し，深さ方向には何らかの構造を持っていることを想定している．式(6.15)と式(6.16)に代入すると，それぞれ

$$\begin{aligned} f''-k^2 f &= 0 & (-h<y<0) \\ f' &= 0 & (y=-h) \\ gf'-\omega^2 f &= 0 & (y=0) \end{aligned} \tag{6.20}$$

となる．この第1式から求まる一般解 $f(y)=A\exp(ky)+B\exp(-ky)$ (A,B：未定定数)を第2式の境界条件に用いれば，$f(y)=C\cosh k(y+h)$ と関数形を決定できる．$C=2Be^{kh}=2Ae^{-kh}$ とおいた．この結果を，式(6.19)に代入すると

$$\eta(x,t) = a\sin(kx-\omega t) \tag{6.21}$$

が得られる．ただし，$a=-(\omega C/g)\cosh kh$ は表面における波の振幅である．

6.3 一般の重力波

最後に，この $f(y)$ の解と第3式の境界条件から表面波の伝わる位相速度 c は

$$c = \frac{\omega}{k} = \sqrt{\frac{g}{k}\tanh kh} = \sqrt{\frac{g\lambda}{2\pi}\tanh\frac{2\pi h}{\lambda}} \tag{6.22}$$

で与えられ，深さ h と波長 λ に依存することがわかる．以上をまとめると，Φ の解は

$$\Phi = -ca\frac{\cosh k(y+h)}{\sinh kh}\cos(kx-\omega t) \tag{6.23}$$

となる．

こうして得られた Φ をもとに水粒子の運動を調べてみよう．位置 (x,y) にある粒子の速度は

$$u = \frac{\partial x}{\partial t} = \frac{\partial \Phi}{\partial x}, \qquad v = \frac{\partial y}{\partial t} = \frac{\partial \Phi}{\partial y} \tag{6.24}$$

である．これに式 (6.23) から Φ を代入して t について積分すれば，水粒子が

$$\begin{aligned}X &= a\frac{\cosh k(y+h)}{\sinh kh}\cos(kx-\omega t) \\ Y &= a\frac{\sinh k(y+h)}{\sinh kh}\sin(kx-\omega t)\end{aligned} \tag{6.25}$$

の軌跡を描くことがわかる．双曲線関数の性質から $\cosh k(y+h)$ と $\sinh k(y+h)$ の $(y+h)$ への依存性を図 6.10 に，また時間経過とともに見た表面における粒子の運動を図 6.11 に示す．図 6.12 は，可視化された水粒子の運動である．以上の結果から，重力波は一般につぎの性質を持っている：

(i) $X>Y$ であるから粒子は時計回りの横長の楕円軌道を描いて平衡点まわりに振動する．

(ii) その長短径比は $\tanh k(y+h)$ であるので，深さとともに扁平になり，底 ($y=-h$) では単純な水平運動を行う．

(iii) η と水平方向の速度 u はともに $\sin(kx-\omega t)$ に比例するので，盛り上がり部の粒子はすべて波の進行方向と同じ方向に動いている．

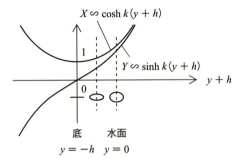

図 6.10 楕円運動の深さへの依存性.

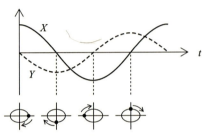

図 6.11 表面における水の運動.

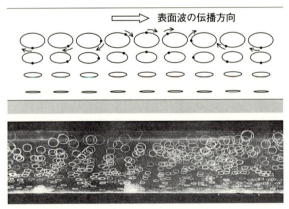

図 6.12 表面波による粒子運動(可視化画像). [*An Album of Fluid Motion*, M. Van Dyke, Parabolic Press, INC (1982) P.110 より]

例題 6.4 水槽内の共振 任意の深さ h と長さ l の水槽に生じる定在波の固有角振動数を求めよ．

解 まず，§3.5 での扱いと同様に，同じ振幅（$a/2$ とする）の前進波と後退波を重ね合わせると，式(6.21)から

$$\eta(x,t) = \frac{a}{2}\sin(kx-\omega t) + \frac{a}{2}\sin(kx+\omega t) = a\sin kx \cos\omega t$$

であり，式(6.23)に対応して速度ポテンシャルは

$$\Phi = ca\frac{\cosh k(y+h)}{\sinh kh}\sin kx \sin\omega t$$

で与えられる．これを式(6.24)の第 1 式に用いると，水平方向の速度成分が

$$u = \frac{\partial \Phi}{\partial x} = \omega a\frac{\cosh k(y+h)}{\sinh kh}\cos kx \sin\omega t$$

となる．すなわち，kx が $\pi/2$ の奇数倍となる位置で $u=0$ であり，水粒子は鉛直方向にのみ運動して水平運動の節になる（図 6.13 にそのような観測例を示す）．この位置に容器の壁があれば，そこでの境界条件は自動的に満たされている．半波長の整数倍が長さ l の間隔に含まれる振動であり，$l=n\lambda/2=n\pi/k$ が成り立つ（$n=1,2,\cdots$）．この $k=n\pi/l$ を式(6.22)に代入すると固有角振動数は

$$\omega_n = \sqrt{\frac{n\pi g}{l}\tanh\frac{n\pi h}{l}}$$

で与えられる．長波長の極限では $\tanh(n\pi h/l) \fallingdotseq n\pi h/l$ であるので，

図 6.13 定在波による粒子運動（可視化画像）．［*An Album of Fluid Motion*, M. Van Dyke, The Parabolic Press (1982) P.111 より］

$b\to\infty$ とした式(6.14)の ω_{mn} に漸近する．この結果で $n=1$ とおいて例題 6.2 で計算した浴槽($l=1$ m, $h=0.5$ m)に適用すると，基本モードの周期は約 1.2 秒となり，例題 6.2 で求めた長波長近似に基づく周期 0.9 秒より少し長い．水深 0.5 m に対して波長が 2 m であるため，長波長近似が必ずしもよい近似ではなかったことを示している．

6.4 表面張力－重力波

一様な深さ h のときの重力波の速度は，一般に式(6.22)で与えられる．図示すれば，図 6.14 である．この結果について 2 つの特別な場合を考えよう．

(i) $h\ll\lambda$ のとき(長波長の極限：浅水波)

$kh\to 0$ であれば，$\cosh k(y+h)\fallingdotseq 1$, $\sinh kh\fallingdotseq kh$ の近似が成り立つので，式(6.23)の速度ポテンシャルは

$$\Phi = -\frac{\omega a}{kh}\cos(kx-\omega t) \tag{6.26}$$

となる．この Φ は y を含まないため，垂直方向の速度成分が $v=\partial\Phi/\partial y=0$ となり，水は水平運動する．伝播速度については，式(6.22)で $\tanh kh$ をテイラー展開して，$c\fallingdotseq\sqrt{gh}\,[1-(kh)^2/6+\cdots]$ である．$kh\to 0$ の極限で $c=\sqrt{gh}$ を得る．これらの特徴は §6.1 の結果に一致する．前節の解が，浅水波を特別な場合として含むことを示している．

(ii) $h\gg\lambda$ のとき(短波長の極限：深水波)

$kh\to\infty$ であるので，これより $\cosh k(y+h)\fallingdotseq\sinh k(y+h)\fallingdotseq e^{k(y+h)}/2$ および $\sinh kh\fallingdotseq e^{kh}/2$ が成り立つ．したがって，$\Phi=-cae^{ky}\cos(kx-\omega t)$ から

$$X = ae^{ky}\cos(kx-\omega t), \qquad Y = ae^{ky}\sin(kx-\omega t) \tag{6.27}$$

となり，水粒子は円運動する．また，$y<0$ であるので，この円運動の半径は深さとともに指数関数的に小さくなることがわかる．半波長の深さでは，半径は $a/e^\pi\fallingdotseq 0.043a$ に減じている．このように振動が表面付近に限定された波であるので表面波ともよばれる．位相速度は，式(6.22)に

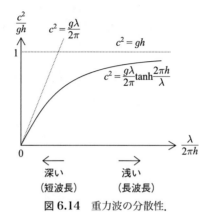

図 **6.14** 重力波の分散性.

$\tanh kh \fallingdotseq 1$ を用いて

$$c = \sqrt{\frac{g}{k}} = \sqrt{\frac{g\lambda}{2\pi}} \tag{6.28}$$

のように簡単な表式になる ($c[\mathrm{m/s}]=1.25\sqrt{\lambda[\mathrm{m}]}=1.56T[\mathrm{sec}]$). 水底の存在を感じない波であり，位相速度は深さ h に依存しない．短波長では遅くなり，その極限では零になる．ただし，この領域では表面張力が作用するため，実際に速度が零になることはない．

水の波の復元力には，これまで調べてきた重力以外にこの表面張力がある．これは，液体の表面積を小さくするように作用し，変形した水面をもとの水平面にもどそうとする働きである．表面張力はその大きさが水面の曲率に比例するため，短波長域で支配的となる．そのような波を，われわれは「さざなみ」とよんで区別している．水面の曲率半径が R のとき，表面張力のために面に垂直な方向に発生する圧力 δp は，再び線型近似により

$$\delta p = \frac{\gamma}{R} = -\gamma \frac{\partial^2 \eta}{\partial x^2} \tag{6.29}$$

となる．γ を表面張力とする．式(6.18)において，大気圧 p_∞ を $p_\infty + \delta p$ で置き換えれば，式(6.19)は右辺に $\delta p/g\rho$ を含むことになる．位相速度 c はこれまでと同様な計算によって，

$$c = \frac{\omega}{k} = \sqrt{\left(\frac{g}{k} + \frac{\gamma k}{\rho}\right) \tanh kh} = \sqrt{\left(1 + \frac{\gamma k^2}{\rho g}\right) \frac{g}{k} \tanh kh} \quad (6.30)$$

のように重力と表面張力が同時に復元力として作用する形で導かれる．$\gamma k^2/\rho g$ は，両者の位相速度への相対的な効果を表している．短波長域を考えて $kh \to \infty$ とすると，$\tanh kh \to 1$ であるので

$$c^2 = \frac{g}{k} + \frac{\gamma k}{\rho} = \frac{g\lambda}{2\pi} + \frac{2\pi\gamma}{\rho\lambda} \quad (6.31)$$

と簡単になる．波長 λ と c の関係の全体は表 6.1 および図 6.15 のように表される．水に対する測定値（$\gamma = 74 \times 10^{-3}$ N/m）を代入すれば，波長が $\lambda_{\min} = 2\pi\sqrt{\gamma/\rho g} = 1.72$ cm のとき位相速度は最小値 $c_{\min} = \sqrt[4]{4g\gamma/\rho} = 0.23$ m/s をとる．したがって，波長が 2 cm 程度以下の波は表面張力に起因するさざなみであることになる．以上の結果によると，たとえば $\lambda = 30$ cm のとき $c = 68.5$ cm/s である．表面張力を無視すれば，68.4 cm/s であるので，この程度以上の波長に対しては表面張力を考える必要はない．

これらの数値は，§6.7 で調べる航跡波など実際の波動現象を理解するのに必要である．また，海洋気象において波浪予報を出す場合にも重要である．海面に発生する波の原因は様々であるが，図 6.1 にもあるように，波といえば通常は風が引き起こすいわゆる風波やうねりである．これらは海面に沿って吹く風からエネルギーを受け取って発生し，成長する．このとき風速が 0.23 m/s 以下であれば波は成長せず，「鏡のような水面」になる．また，風が吹き始めて最初に起きる波は波長が 1.72 cm 程度のさざなみであることになる．

図 6.16 は雨粒が作った波紋である．雨粒による刺激は一瞬であるが，さまざまな波長の波が連なって同心円状に広がっていくのが観察できる．分散性のために波群に含まれる個々の波の波速が異なって生じる現象である．よく見ると，短波長の波が先行しており，表面張力が支配的な短波長領域の波群であることがわかる．

図 6.17 に，水の波の分散関係式全体をまとめる．水深が深い場合には表面は導波管の役割を果たすが，この効果は深さと波長の比に依存する．さらに，

6.4 表面張力−重力波

表 6.1 表面張力−重力波の位相速度と群速度($kh\to\infty$ の場合.下線は最小値を示す).

λ(cm)	f(Hz)	c(cm/s)	c_g(cm/s)	c_g/c
0.10	675	67.5	101.4	1.50
0.50	62.5	31.2	44.4	1.42
1.0	24.7	24.7	30.7	1.24
1.7	13.6	<u>23.2</u>	21.4	0.92
4	6.80	27.2	<u>17.8</u>	0.65
8	4.52	36.2	19.6	0.54
16	3.14	50.3	25.8	0.51
32	2.22	71	35.8	0.50
100	1.25	125	62.5	0.50
200	0.625	250	125	0.50
800	0.442	354	177	0.50
1600	0.313	500	250	0.50

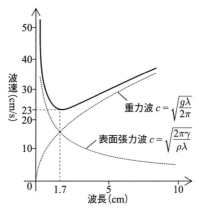

図 6.15 表面張力−重力波の分散性($kh\to\infty$ の場合).

重力と表面張力の 2 つの復元力があり,重力は長波長域で,表面張力は短波長域で支配的となるなど,複雑な分散特性になっている.

空気中の音波のように伝播速度が周波数・波長に依存せずに一定(ただし,

図 6.16　雨粒と波紋.

温度とともに変化する)の波動を非分散性という．波が届く範囲において，波形が変形することはない．これに対して，深水波のように周波数依存性を示す場合を分散性の波動という．このときは，各周波数成分が異なる速度で伝わるので，合成した波形は伝播とともに互いにずれて変化していく(図 5.21 や図 6.16 のように)．波の幅は次第に広がり(分散し)，全体の振幅が小さくなって行く．このような分散の性質は，運動方程式と境界条件から導かれる分散関係式に集約されている．非分散性波動は，分散性波動の特別な場合と考えるべきであろう．

　一般に，波の分散は全く違う 2 つの原因で生じる．ひとつには，ガラスや水など多くの物質で屈折率が波長とともに小さくなるように物質に固有の性質である場合がある．分散という用語は，この光の分散に由来する．自然光は連続波であるので波形のくずれなどは通常観察されないが，この分散性のために境界面に入射したとき屈折角が波長によって異なる．この結果として，プリズムや浮遊する無数の水滴によって太陽光が分光され，後者は虹として観察される．また，なんらかの減衰のメカニズムがあるときは，§2.3 や演習問題 3.3 で見たように，媒質は周波数によって異なる応答を示す．もうひとつの原因は，導波管での波動全般や水の波に見られるように，媒質そのものは無分散であっても(そのようにみなせる場合でも)波長と媒質の幾何学的な代表長さ(ダクトのサイズ，水深，丸棒の半径など)との関係から分散性となる場合である．導波管では空間的な広がりが限定された結果，境界面での多重反射とモード変換(弾性波の場合)が分散を引き起こすことを示している．代表長さと波長が同程

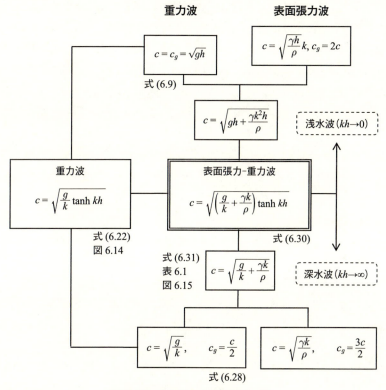

図 **6.17** 水の波の分散関係式一覧.

度のときに分散性が最も顕著になる．

6.5 群速度と波束

分散性のために位相速度と群速度が異なる．そのことの物理的な意味をつぎに考えよう．

○位相速度 c

すべての線型波動は正弦波の重ね合わせで表現できる．個々の正弦波，つまり周波数成分，の振幅と位相はフーリエ変換によってもとの波形から知るこ

とができる．波を構成する周波数成分としてこれまでの議論で多く取り上げてきた．ひとつの正弦波を $u=A\cos(kx-\omega t+\phi_0)$ で表すとき，$\phi=kx-\omega t+\phi_0$ が位相である．u は，波によって変動する物理量を代表する．2つの近接した時刻 $t=t$ から $t=t+\Delta t$ の間に波の峰や谷など特定の位相に対応する $\phi=$ 一定の点が Δx だけ移動（伝播）したとすると，$\phi=kx-\omega t+\phi_0=k(x+\Delta x)-\omega(t+\Delta t)+\phi_0$ である．これより $k\Delta x-\omega\Delta t=0$ となるので，位相速度 c は

$$c = \frac{\Delta x}{\Delta t} = \frac{\omega}{k} \tag{6.32}$$

となる．文字通り，位相速度とは正弦波の位相が伝播する速度である．これまで調べてきた音速・伝播速度はすべて位相速度なので，同じ記号 c を続けて使うことにする．

○群速度 c_g

ただひとつの周波数を持つ波を単色波という．音の場合は純音ともいい，これまでの議論でいつも対象としてきた．しかし，われわれが実際に感知する音や光，利用する信号が厳密に数学的な意味での単色波であることはまずないであろう．そのような場合は，この節の最後で見るように幅が零の線スペクトルとなり，無限大の強さを持っていなければならないからである．また，仮に単色波があったとしても，現実の媒質には減衰メカニズムが必ず存在するので，2章の減衰振動のように有限幅の周波数応答になる．ヘルムホルツ共鳴器（§4.3）は純音を発生するが，それでも図4.8で見たようにごく狭いながらある帯域の周波数成分から構成されている．ここには連続した周波数をもつ無数の成分がつまっている．

このようにごく近い周波数をもつ波群の最も簡単な例として，まず同じ振幅 A で周波数がわずかに異なる2つの正弦波を重ね合わせてみよう．これらの角周波数と波数を $(\omega_1, k_1), (\omega_2, k_2)$ とおくと，その和は

6.5 群速度と波束

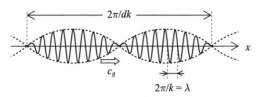

図 6.18 群速度とうなり.

$$u(x,t) = A\cos(k_1 x - \omega_1 t + \phi_0) + A\cos(k_2 x - \omega_2 t + \phi_0)$$
$$= 2A\cos\left(\frac{k_1-k_2}{2}x - \frac{\omega_1-\omega_2}{2}t\right)\cos\left(\frac{k_1+k_2}{2}x - \frac{\omega_1+\omega_2}{2}t + \phi_0\right)$$
(6.33)

と書ける. $\omega_1 \fallingdotseq \omega_2$, $k_1 \fallingdotseq k_2$ であるから, $(\omega_1-\omega_2)/2 = d\omega$, $(k_1-k_2)/2 = dk$, $(\omega_1+\omega_2)/2 = \omega_0$, $(k_1+k_2)/2 = k_0$ としてよいので, これらを使って,

$$u(x,t) = 2A\cos(dk \cdot x - d\omega \cdot t)\cos(k_0 x - \omega_0 t + \phi_0) \tag{6.34}$$

に至る. これは, 振幅が $2A\cos(dk \cdot x - d\omega \cdot t)$ で変動する正弦波を表している. 位相 $\phi = k_0 x - \omega_0 t + \phi_0$ の正弦波(これを搬送波という)に比べると, $d\omega$ と dk は微小量であるから, 振幅は時間的・空間的にゆるやかに変化する(図6.18). この「うなり」に類似する振幅, つまり包絡線の変動の伝わる速度が群速度であり,

$$c_g = \frac{d\omega}{dk} = \frac{d}{dk}(ck) = c + k\frac{dc}{dk} = c - \lambda\frac{dc}{d\lambda} \tag{6.35}$$

と書ける. 分散関係式を (ω, k) 空間に図示したとき(たとえば, 図2.15や図4.4), 分散曲線上の1点 (ω, k) と原点を結ぶ直線の傾きが位相速度であり, その点の接線の傾きが群速度を与える. 音波のような非分散性の波動では ω と k が比例し, $c = c_g$ である. 分散性波動では, 一般に $c \neq c_g$ であり, 搬送波と包絡線は異なる速度で伝播するため, 波の状態は時々刻々に移り変わる.

単色波は時空間において無限にひろがっているが, ここで考えた波は局在していることから波束とよぶ. 波のエネルギーは§3.2で見たとおりその振幅の2乗に比例するので, 波束の部分にのみ存在する. このことから波のエネ

ルギーは群速度で伝わることがわかる．この点については，次節でさらに詳しく議論する．

例題 6.5 位相速度と群速度 式(6.22)から水の波の群速度を計算し，位相速度と比較してみよう．また，表面張力波や導波管を伝わる音波についてはどうか．

解 式(6.22)の両辺の対数をとれば，$2\log c = \log g - \log k + \log\tanh kh$ となる．これを k について微分し[*5]，得られる dc/dk を式(6.35)に用いれば，重力が支配する水の波の群速度は

$$c_g = \frac{c}{2}\left(1 + \frac{4\pi h}{\lambda}\operatorname{cosech}\frac{4\pi h}{\lambda}\right) = \frac{c}{2}(1 + 2kh\operatorname{cosech} 2kh) \quad (6.36)$$

と求めることができる．特に，短波長と長波長の極限をとると

$$\frac{h}{\lambda} \to \infty: \quad c_g = \frac{c}{2} = \frac{1}{2}\sqrt{\frac{g\lambda}{2\pi}} = \frac{1}{2}\sqrt{\frac{g}{k}}$$

$$\frac{h}{\lambda} \to 0: \quad c_g = c = \sqrt{gh}$$

である．式(6.22)と式(6.35)からわかるように，重力波についてはつねに群速度<位相速度である．とくに，深い水すなわち短波長の極限では，位相速度の半分となる．一方，表面張力波では，逆に群速度>位相速度である．さらに，短波長の極限を考えて式(6.31)の第1項を無視すれば，$c = \sqrt{\gamma k/\rho}$ であるので，群速度として $c_g = 3c/2$ が得られる．重力と表面張力の効果をともに反映した位相速度と群速度の比較は，深水波 $kh \to \infty$ の場合について表6.1に示した通りである．

§4.2で導波管を伝わる分散性波動として最も簡単な $(1, 0)$ モードを考えた．この高次モードでは，式(4.19)の第2式から得られる位相速度が $\omega/k_z = c\sqrt{1 + \pi^2/k_z^2 a^2} = c/\cos\theta$ で音速 c より大きい．しかし，群速度は $d\omega/dk_z = c/\sqrt{1 + \pi^2/k_z^2 a^2} = c\cos\theta$ であり，音速より小さい．物理

[*5] $\dfrac{d}{dx}\log\tanh x = \dfrac{1}{\sinh x \cosh x} = 2\operatorname{cosech} 2x$

6.5 群速度と波束

的に実体のあるエネルギーが音速より小さい速度で伝わることは，受け入れることができる自然な結果である．なお，両者の積は c^2 で一定である．遮断周波数 $\omega=\pi c/a$ に近づくと，$k_z \to 0$ であり，その結果位相速度は無限大に発散する．群速度は同時に零に漸近するので，エネルギーが導波管を伝わることはない．

上で群速度を議論する手がかりとして近接した2つの周波数成分を取り上げて合成したが，もう少し現実味がある例として，角周波数 ω_0 を中心とする狭い帯域幅の連続スペクトルをもつ正弦波成分を重ね合わせてみよう．各成分の振幅を $a(\omega)$ として，

$$u(x,t) = \int_{-\infty}^{\infty} a(\omega) \cos(kx-\omega t) d\omega \tag{6.37}$$

から始めればよい．ある時刻ですべての成分が同位相であったとして初期位相を省いている（上式は，既知の振幅スペクトルをもとにフーリエ逆変換を行っていることに相当する）．この被積分関数は，ω_0 にごく近い周波数の範囲だけで値をもつので，波数 $k=\omega/c(\omega)$ を $k_0=\omega_0/c(\omega_0)$ のまわりでテイラー展開してその第1項までを考慮することにすれば，

$$\begin{aligned} k &\fallingdotseq k_0 + \left.\frac{dk}{d\omega}\right|_{\omega_0} (\omega-\omega_0) = k_0+\delta\omega/c_g = k_0+\delta k \\ kx-\omega t &= k_0 x-\omega_0 t+(x-c_g t)\delta k \end{aligned} \tag{6.38}$$

が得られる．$\delta\omega=\omega-\omega_0$，$\delta k=\delta\omega/c_g$ とした．この関係を式(6.37)に代入し，積分変数をスペクトルの中心に原点を持つ $\delta\omega$ に置き換える．簡単のために $a(\delta\omega)$ を偶関数に限定することにすれば，三角関数の加法定理を使って

$$\begin{aligned} u(x,t) &= \int_{-\infty}^{\infty} a(\delta\omega) \cos\left[k_0 x-\omega_0 t+(x-c_g t)\delta k\right] d(\delta\omega) \\ &= A(x-c_g t) \cos(k_0 x-\omega_0 t) \end{aligned} \tag{6.39}$$

となる．ここで，

$$A(x-c_g t) = \int_{-\infty}^{\infty} a(\delta\omega) \cos\left[(x-c_g t)\delta k\right] d(\delta\omega) \tag{6.40}$$

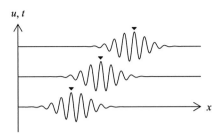

図 6.19 波束の伝播(ガウス分布型スペクトルの場合). ▼は最大振幅を示す.

とおいた. この途中で偶関数 $a(\delta\omega)$ と奇関数 $\sin[(x-c_g t)\delta k]$ の積の積分が零になる. 式(6.39)は, (ω_0, k_0) で急激な振動をする搬送波が位相速度 $c=\omega_0/k_0$ で, ゆるやかに分布する包絡線(振幅)を表す $A(x-c_g t)$ が群速度 c_g で, それぞれ伝わることを表している. 式(6.34)の結果を拡張したことになる.

具体的にスペクトル $a(\delta\omega)$ がガウス分布の場合は

$$a(\delta\omega) = a_0 \exp\left(-\frac{\delta\omega^2}{b^2}\right) \tag{6.41}$$

を式(6.40)に代入すると $A(x-c_g t)$ が得られ, 最終的に

$$u(x,t) = \sqrt{\pi} a_0 b \exp\left[\frac{-b^2(x-c_g t)^2}{4c_g^2}\right] \cos(k_0 x - \omega_0 t) \tag{6.42}$$

が導かれる (a_0 と b は定数). ここでラプラスの積分公式 $\int_0^\infty e^{-p^2 x^2} \cos qx dx = \frac{\sqrt{\pi}}{2p} e^{-q^2/4p^2}$ を用いた. この計算例では, スペクトルと包絡線の両者がガウス分布の形となる. この結果を図 6.19 に示す. 図 6.18 に示した 2 成分のときの計算結果に比べると, 含まれる正弦波が多いため十分に干渉し, より局在した波束となっている. 波束の中心部では同位相のために正の干渉によって振幅が増大する一方, 中心から離れるとともに拡大してゆく位相差のために負の干渉が起こり, 互いに打ち消しあってできた波形である. 群速度<位相速度の水の波にあてはめて考えると, 波束は波の峰や谷より遅れて進む. このため, 個々の峰や谷は波束の中を前方に移動する. 波束前縁の波は次々と消えて行き, 同時に後縁に新たな波が現れることになる. 位相速度で伝わる波の峰や谷は, エネルギーをもつ波束の中でこそ観測できるが, これを離れると存在しな

い．

　式(6.38)のテイラー展開がよい近似であるためには $\delta\omega$ の変域が，すなわち式(6.41)の b が十分小さくなくてはならない．そのような場合には，式(6.41)で表されるスペクトルの幅は狭く，同時に式(6.42)の解が表す波束の包絡線は広くなる．波の一部分を見ると単色波であるが，長い時間あるいは距離にわたって観察すれば，その振幅が変動しているのが見てとれるという状況である．このように b が十分小さい場合は，中心周波数での振幅 a_0 が有限であっても，式(6.42)が示す合成波 $u(x,t)$ の振幅は小さく，その極限(線スペクトル)では $b\to 0$ であるのでその振幅も零に近づく．$b\to 0$ のときも合成波の振幅が有限であるためには $a_0\to\infty$ でなければならないが，$\int_{-\infty}^{\infty} a(\delta\omega)d(\delta\omega)=\int_{-\infty}^{\infty} a_0\exp(-\delta\omega^2/b^2)d(\delta\omega)=\sqrt{\pi}a_0 b$ であるので，これは式(6.41)のスペクトルの総面積が有限であることを意味している．

6.6　水の波のエネルギー

　§6.3 で得られた結果をもとにして一般の重力波がもつエネルギーとこれが媒質中を運ばれる速さについて調べてみよう．同様の議論は，弦を伝わる波について §3.2 で行っている．波によって運ばれるエネルギーは，単位長さ・単位時間あたり $\dfrac{1}{2}\rho(\omega A)^2\times c=\dfrac{1}{2}Z(\omega A)^2$ であった(例題 3.4)．この場合は分散性のない波であるので，含まれている c が位相速度か群速度かが定かでない．分散性の重力波に関してこの疑問への答えを求めよう．

　まず，水の波がもっているエネルギーを求めよう．水面の盛り上がりは式(6.21)の $\eta(x,t)=a\sin(kx-\omega t)$ であり，これを作る速度ポテンシャルは式(6.23)の $\Phi=-ca\dfrac{\cosh k(y+h)}{\sinh kh}\cos(kx-\omega t)$ である．水深 h は一定としている．図 6.9 の奥行き方向(z 方向)の幅が 1 で，伝播方向(x 方向)に 1 波長，深さ方向(y 方向)には底から水面までの領域を考える．波が生じたときこの領域内のポテンシャルエネルギー U は，波による水面の凹凸に対応して

$$U = \int_0^\lambda \int_0^\eta \rho g y\, dx dy = \frac{1}{2} \rho g \int_0^\lambda \eta^2 dx$$
$$= \frac{1}{2} \rho g a^2 \int_0^\lambda \sin^2(kx-\omega t) dx = \frac{1}{4} \rho g a^2 \lambda \tag{6.43}$$

と求めることができる．水面の凹部から対応する(同じ $|\eta|$ の)凸部に体積 ηdx の水が持ち上げられたときのポテンシャルエネルギーが $\rho g \eta^2 dx$ であり，これを $\eta>0$ の半波長にわたって積分しても同じ結果になる．

一方，運動エネルギー K は，速度 u, v を速度ポテンシャル Φ で表して

$$K = \frac{1}{2}\rho \int_0^\lambda \int_{-h}^\eta \left(u^2+v^2\right) dxdy$$
$$= \frac{1}{2}\rho \int_0^\lambda \int_{-h}^\eta \left[\left(\frac{\partial \Phi}{\partial x}\right)^2 + \left(\frac{\partial \Phi}{\partial y}\right)^2\right] dxdy$$
$$= \frac{1}{2}\rho \oint \Phi \frac{\partial \Phi}{\partial n} ds \tag{6.44}$$

となる．この線積分は考えている領域の xy 面に向いた外周に沿うものである．また，n はこの外周の外向き法線であるので，$x=0, \lambda$ では $dn=\pm dx$，底の $y=-h$ で $dn=-dy$，水面の $y=\eta$ では近似的に $dn=dy$ とできる．同位相である $x=0, \lambda$ での積分値は互いに相殺し，また底では $\dfrac{\partial \Phi}{\partial y}=0$ であるから，結局，表面からの寄与だけとなり，

$$K = \frac{1}{2}\rho \int_0^\lambda \left(\Phi \frac{\partial \Phi}{\partial y}\right)_{y=0} dx$$
$$= \frac{1}{2}\rho g a^2 \int_0^\lambda \cos^2(kx-\omega t) dx = \frac{1}{4}\rho g a^2 \lambda \tag{6.45}$$

が得られる．この途中で，分散関係式(6.22)と式(6.23)を用いた．

以上より，重力波についても $U=K$ であり，1波長の重力波がもつ全エネルギーが

$$K+U = \frac{1}{2}\rho g a^2 \lambda \tag{6.46}$$

であることが導かれた[*6]．不思議なことに思えるが，この結果に深さ h が含まれない．また，弦を伝わる波がもつ全エネルギーは1波長あたり $\rho\lambda(\omega A)^2/2$ であったので(§3.2)，比較すれば振幅の2乗に比例することは共通し，振動数に依存しない点で異なっている．これは，振動数が高くなって各部分のエネルギーが増大する効果と，表面付近に振動が限定される効果が打ち消しあった結果と考えられる．また，このエネルギーが保存される場合，浅水波が海岸に近づき波長が短くなると波高が大きくなることも理解できる．

つぎは，波によって運ばれるエネルギーを考えよう．それには波の進行方向に垂直な面(図6.9の yz 面)を介して一方の部分が他方に対して単位時間あたりにする仕事を考えればよい．例題2.6や例題2.7と同じ考え方である．その計算に圧力 p が必要であるが，これは式(C.16)の拡張されたベルヌーイの定理から $p/\rho=F(t)-\partial\Phi/\partial t-|\mathbf{v}|^2/2-gy$ で与えられる．ここで，微小振幅を想定して $|\mathbf{v}|^2/2$ を無視し，重力による gy は面の両側で等しいので除き，さらに $F(t)$ を左辺に含めることにすれば，

$$p = -\rho \frac{\partial \Phi}{\partial t} \tag{6.47}$$

とできる．これに式(6.23)の Φ を代入して

$$p = \rho c a \omega \frac{\cosh k(y+h)}{\sinh kh} \sin(kx-\omega t) \tag{6.48}$$

となる．検査面を，図6.9で $x=0$ に位置し，z 方向の幅が1，y 方向には底から水面までの鉛直な長方形の面とする．この面を通じて x 方向に運ばれるエネルギーは，$x<0$ の側が $x>0$ の側に対して単位時間内にする仕事 W に等しいので，

$$W = \int_{-h}^{0} (pu)_{x=0} dy = \int_{-h}^{0} \left(p \frac{\partial \Phi}{\partial x} \right)_{x=0} dy \tag{6.49}$$

が得られる．これに，式(6.23)の Φ と式(6.48)の p を代入して積分すれば，

[*6] 仮に波高が1mであったとすると，水面 $1\,\mathrm{m}^2$ あたりのエネルギーは $\frac{1}{2}\rho g a^2 = \frac{1}{2} \times 1000 \times 9.8 \times 1 = 4900\,\mathrm{J}$ となる．

$$W = \rho c^2 a^2 \omega k \frac{\sin^2 \omega t}{\sinh^2 kh} \int_{-h}^{0} \cosh^2 k(y+h) dy$$
$$= \frac{1}{2}\rho g a^2 c \sin^2 \omega t (1+2kh \operatorname{cosech} 2kh)$$
$$= \rho g a^2 c_g \sin^2 \omega t \tag{6.50}$$

に至る．この c_g は式(6.36)の群速度である．今，$\eta(x,t)=a\sin(kx-\omega t)$ の前進波を考えているが，つねに $W \geqq 0$ であり，伝播方向にエネルギーが運ばれることを示している．周期 T にわたる W の平均を $\langle W \rangle$ とおけば，$\int_0^T \sin^2 \omega t\, dt = \frac{T}{2}$ であるので

$$\langle W \rangle = \frac{1}{2}\rho g a^2 c_g \tag{6.51}$$

が導出される．式(6.46)にあるように $\frac{1}{2}\rho g a^2$ は単位長さの波がもっている全エネルギーであり，これが位相速度 c ではなく群速度 c_g で伝播することが結論づけられた．

6.7 航跡波

実は，われわれは水の波の分散性を，それとは気づかず身近なところで目にしている．一様な流れの中に小枝や杭が垂直に立っていると，その上流側の水面に「しわ」のような模様ができている（図6.20(a))．同じ模様は，静止した水面で指を走らせても観察できる．この波が作る「しわ」は流れの中で移動することなく小枝に着いたままである．流れが障害物によって乱されると各瞬間に波が発生する．この波は図6.16のように同心円状に広がりながら流れに乗って四散する．しかし，図6.20(b)で上流に向かって角度 θ の方向に伝わる波の速度が

$$c(k) = V \cos \theta \tag{6.52}$$

を満たすと，つまり発生した波の中にそのような周波数成分があると，その伝播速度 $c(k)$ と流速 V の θ 方向の成分がちょうど打ち消しあうので定常状態となってこのようなパターンが形成される．波の峰や谷は同じ場所にあるように

(a)

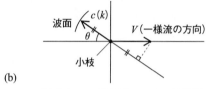

(b)

図 6.20　一様な流れの中の波模様.

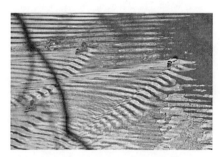

図 6.21　マガモが作る航跡波.

見えるが，これらは $V\sin\theta$ の速さで斜め後方に流されている．

この現象は，図 6.15 と式 (6.52) から $V \geqq 0.23$ m/s の流れにだけ生じることがわかる．図 6.20(a) では短波長の波，つまり表面張力波がこの模様を作っているが，小枝の直前 ($\theta\fallingdotseq 0$) にはより短波長の波が現れ，θ とともに模様に含まれる波の波長が漸増している．この観察や，大きい流速のときに「しわ」の間隔が小さくなることも，波長 λ とともに $c(k)$ が低下する表面張力波の分散特性と式 (6.52) によって説明できる．なお，このような短波長の波は減衰が大きいので，この模様が存在する範囲は限定されている．

航行する船や水鳥の後ろにできるクサビ形の波紋(図6.21)も水の波が持つ分散性に由来する．運動する物体が大きくなると，それによって引き起こされる波の波長も大きくなるので，これらの航跡波では波長が $\lambda=1.72$ cm 以上の重力波が主役である．

船が一定の速さ V で静かな水面を一直線に進む場合を考えよう．船を点とみなせるほど十分深いとする．式(6.52)は，V より小さい速さ c の波が船の進行方向に対して $\theta=\cos^{-1}(c/V)$ の角度で伝播すれば定常な波模様ができることを示している．もし分散性がなければ，Δt の時間の間に船が放出する波の包絡線は図6.22(a)のように半頂角 $(\pi/2-\theta)$ をもつ2つの直線状の波面を作ることになる[*7]．

しかし，さきに導いたように深水波は分散性の波である．時刻 t において船が点 A を波源として広い帯域の深水波を全方向に放出したとすると，周波数に依存して異なる角度 θ の方向に式(6.52)を満たす波が定常状態となる(図6.22(b))．Δt の間にそれらの波はそれぞれ $c(k)\Delta t$ の距離を進んで点 C に，船は $V\Delta t$ を進んで点 B に達している．式(6.52)の条件から △ABC は頂点 C を直角とする直角三角形となるので，さまざまな周波数に対する点 C は AB を直径とする円(あるいは円弧)の上にある．図6.22(b)にはそのような3つの点を示している．点 C_1 には長波長で大きな速度 c の，点 C_3 には短波長で小さい c の波が到達している．ところが，波のエネルギーが伝わる群速度 c_g は位相速度 $c=\sqrt{g/k}$ の半分であるため点 C_1〜C_3 では波の振幅は零であり，実際には点 A から半分の距離の位置(図6.22(c)の点 D_1〜D_3)で定常な波が観測される．その結果，各周波数に対する点 D は，AE を直径とする円を構成する．点 E は AB の中点である．船が点 A から点 B に進むあいだの各瞬間に作られるこれらの円への包絡線は，点 B から AE を直径とする円への接線となる．点 F をその円の中心とすると，BE=2EF であるので，接線と AB を結ぶ直線との間の角度は $\sin^{-1}(1/3)\fallingdotseq 19.5°$ になる．したがって，船が引き起こすすべての波は，半頂角 $19.5°$ のクサビ形領域(ケルビン (Kelvin) のクサビ)の中に閉じ込められることになる．この角度が船の進行速度と独立であることは

[*7] 空気中を超音速飛行する物体の場合は，この角度 $\sin^{-1}(c/V)$ がマッハ角であり，作られる円錐形の波面がマッハコーンになる．

6.7 航跡波

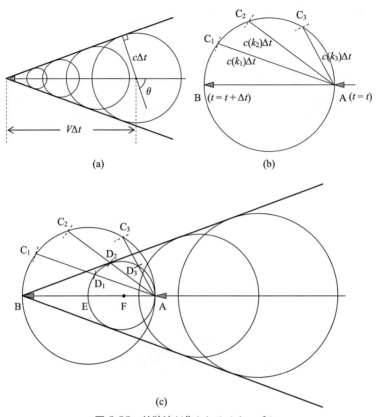

図 6.22　航跡波が作られるメカニズム．

興味深い．

　船舶や水鳥は，そして水泳する人も，これらの波をつくることに無駄なエネルギーを費やしている．大型タンカーなどでは，この造波抵抗による損失を軽減するために逆位相の波を作って互いに打ち消しあうように船首の形状を工夫している．

◆第6章の演習問題◆

6.1 瀬戸内海には紀伊水道と豊後水道を通って潮汐による長波長の波が入ってくる．鳴門海峡における大きな渦潮は，海峡の両側でこの波による水位変動が逆位相になって生じる潮流が原因であると考えられる．豊予海峡から鳴門海峡までの距離を 320 km として，その間の平均水深を推定せよ．

解 潮汐の周期は約 12 時間であるので，豊後水道から入った波は瀬戸内海を 6 時間かけて東に進むことになる．伝播速度は 53.3 km/h であり，式(6.9)の $c=\sqrt{gh}$ からこれを与える水深は 22.4 m となる．平均的な水深は 20 m から 30 m であるので，この簡単なモデルでもある程度は水深を推定できることがわかる．

6.2 図のように深さが $h_1 \to h_2$ と不連続に変化する場所があったとする．ここに式(6.9)の波速をもつ浅水波が入射するときの反射係数 R と透過係数 T を求めよ．

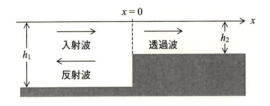

解 入射波として水面の盛り上がりが $\eta = a\exp[i(k_1 x - \omega_1 t)]$ で表される正弦波を考えることにすると，$x<0$ の領域には入射波と反射波が，$x>0$ には透過波が存在するので

$$\eta = a\exp[i(k_1 x - \omega_1 t)] + Ra\exp[i(k'_1 x + \omega'_1 t)] \qquad x < 0$$
$$\eta = Ta\exp[i(k_2 x - \omega_2 t)] \qquad x > 0$$

とおくことができる．$\omega_1/k_1 = \omega'_1/k'_1 = c_1 = \sqrt{gh_1}$，$\omega_2/k_2 = c_2 = \sqrt{gh_2}$ である．入射波の伝播方向に x 軸の正の方向をとった．段差がある $x=0$ で η が連続であるという境界条件を課すと $\exp(-i\omega_1 t) + R\exp(i\omega'_1 t) = T\exp(-i\omega_2 t)$，すなわち，すべての周波数が等しいこととその実部から $T = R+1$ が導かれる．

つぎに，流量 uh が保存される境界条件を適用しよう．そのために式(6.4)に上の η を代入し，時間 t について積分すれば速度 u が

$$u = \frac{ga}{c_1}\exp[i(k_1 x - \omega_1 t)] - \frac{Rga}{c_1}\exp[i(k'_1 x + \omega'_1 t)] \qquad x < 0$$

$$u = \frac{Tga}{c_2}\exp[i(k_2 x - \omega_2 t)] \qquad x > 0$$

となる．$x=0$ で uh が連続であるとすれば

$$\frac{1-R}{c_1}h_1 = \frac{T}{c_2}h_2$$

が，さらに $T=R+1$ と連立させて反射係数 R と透過係数 T が

$$R = \frac{1-\sqrt{h_2/h_1}}{1+\sqrt{h_2/h_1}} = \frac{c_1-c_2}{c_1+c_2}, \qquad T = \frac{2}{1+\sqrt{h_2/h_1}} = \frac{2c_1}{c_1+c_2}$$

のように得られる．式(3.15)と比べると，インピーダンスが波速で置き換わった形である．$h_1 > h_2$ なら $T>1$ であり，外洋から浅水波が打ち寄せた場合，湾内で波高が大きくなることを示している．たとえば，$h_2/h_1 = 1/4$ なら $R=1/3$，$T=4/3$ になる．

6.3 水の波に伴って移動する水の質量の1周期にわたる平均を求めよ．

解 x 方向の水粒子の速度が u であるので，ρu を水底($y=-h$)から盛り上がった水面 $y = \eta(x,t)$ まで積分することによって単位時間内に移動する質量 M が得られる．§6.3 の結果を用いれば，

$$M = \int_{-h}^{\eta} \rho u\, dy = \rho c a \frac{\sinh k(\eta+h)}{\sinh kh} \sin(kx-\omega t)$$

である．$|\eta| \ll h$ により $\sinh k(\eta+h) \fallingdotseq \sinh kh + k\eta \cosh kh$ と近似でき，これに式(6.21)を使うと，

$$M = \rho c a \left[\sin(kx-\omega t) + \frac{ka}{\tanh kh}\sin^2(kx-\omega t)\right]$$

となる．ここで1周期に関する平均をとれば，$\langle\sin(kx-\omega t)\rangle = 0$，$\langle\sin^2(kx-\omega t)\rangle = 1/2$ であるので

$$\langle M \rangle = \frac{1}{2}\frac{\rho c a^2 k}{\tanh kh} = \frac{\rho g a^2}{2c}$$

が導かれる．式(6.22)を用いた．とくに，深い水の場合は式(6.28)から，$\langle M \rangle = \pi \rho f a^2$ となり，周波数と振幅の2乗に比例する．

6.4 阿寒湖ではマリモが直径 30 cm もの大きさに成長するという．この生育を可能にする自然条件を考えてみよう．

解 光合成のための十分な水の透明度だけでなく,球状体に成長するには波によってマリモが湖底を転がることが必要である.それには,強い風が湖面を吹き,風の吹く方向に湖が長く波が成長する距離(吹送距離)が十分にあること,そして発生した波が深水波($kh \to \infty$)とならない浅瀬が存在することが条件である.阿寒湖ではその北端の深さ2~3 mの浅瀬で大きく成長するとされている.

6.5 振幅スペクトル $a(\omega)$ が,$\omega=\omega_1$ から $\omega=\omega_2$ の狭い範囲で一定値 a_0 であり,これ以外の範囲では $a(\omega)=0$ のときの波束を求めてみよう.

解 計算方法は式(6.37)以降と同じである.$\Delta\omega=\omega_2-\omega_1$ とおくと式(6.40)から

$$A(x-c_g t) = \int_{-\Delta\omega/2}^{\Delta\omega/2} a_0 \cos\left[(x-c_g t)\delta k\right] d(\delta\omega)$$
$$= 2a_0 c_g \frac{\sin\left[(x-c_g t)\Delta\omega/2c_g\right]}{x-c_g t}$$

が得られる.これに中心周波数 $\omega_0=(\omega_1+\omega_2)/2$ をもつ搬送波の因子をかければ,合成波は

$$u(x,t) = 2a_0 c_g \frac{\sin\left[(x-c_g t)\Delta\omega/2c_g\right]}{x-c_g t} \cos(k_0 x - \omega_0 t)$$

と与えられる.この結果に基づく計算例を下に図示する.先のガウス分布の場合と比べると,干渉が十分でないことが見てとれる.

波束の伝播(矩形のスペクトルの場合).

6.6 雨滴などが水面に作る波紋には,図6.16でも観察できるようにその中央に静止した部分があり,ゆっくりと広がってゆく.深水波を仮定してこの速さを求めよ.

解 静止した部分には波のエネルギーがないことから,この領域は最小の群速度 c_g で広がっていくと考えられる.$kh \to \infty$ で成り立つ式(6.31)から,

$$c_g = \frac{d\omega}{dk} = \frac{g + 3\gamma k^2/\rho}{2\sqrt{g + \gamma k^2/\rho}}$$

が得られる．さらに，$\dfrac{dc_g}{dk}=\dfrac{d^2\omega}{dk^2}=0$ から $k=\sqrt{(2/\sqrt{3}-1)g\rho/\gamma}$ が，群速度 c_g の最小値

$$c_{g|\min} = \dfrac{\sqrt{3}-1}{\sqrt[4]{2/\sqrt{3}-1}\sqrt{2/\sqrt{3}}}\sqrt[4]{\dfrac{g\gamma}{\rho}} \fallingdotseq 1.086\sqrt[4]{\dfrac{g\gamma}{\rho}}$$

を与えることがわかる(なお，このとき $\dfrac{d^2 c_g}{dk^2}>0$ である)．数値を入れて計算してみると，$c_{g|\min}\fallingdotseq 17.8\,\mathrm{cm/s}$ であり，このときの波長は約 $4.4\,\mathrm{cm}$ である(表 6.1)．図 6.16 を見ると最後尾の波は先行している前方の波頭に比べて長波長であり，この計算結果と矛盾しない．

付録 A

数学の補足

大学低学年で学ぶほとんどの数学が，音と波の力学に登場する．基本的な数学はどうしても必要であり，道具として使うことによって数学的手法に具体的なイメージを持てるようになる．この本は，これらの数学をすでに学び終わっていることを前提としているが，必要に応じて教科書を読み返していただきたい．まだ学んでいないと思われる微分演算子，楕円積分，およびベッセル関数を説明して補足しておく．使用頻度が高いテイラー展開についても簡単にまとめて学習の便宜を図ることとする．

A.1 微分演算子

連続体力学(弾性力学・流体力学を含む)や電磁気学での表現によく現れる微分演算子を以下にまとめる．これらを使用することで，簡潔で視覚的にも把握しやすい表現になる．

まず，ベクトル演算子 ∇ (ナブラ，nabla)をつぎのように定義する．

$$\nabla \equiv \mathbf{i}_i \frac{\partial}{\partial x_i} = \mathbf{i}_1 \frac{\partial}{\partial x_1} + \mathbf{i}_2 \frac{\partial}{\partial x_2} + \mathbf{i}_3 \frac{\partial}{\partial x_3} \tag{A.1}$$

ここで，1つの項で2回現れる添え字に1,2,3を代入して和をとる総和規約(summation convention, 略記のための約束事)を用いている．$\mathbf{i}_i (i=1,2,3)$ は，x_i 方向の単位ベクトルである．

- 勾配(gradient)

$$\operatorname{grad} A = \frac{\partial A}{\partial x_k} \mathbf{i}_k = A_{,k} \mathbf{i}_k \quad (= \nabla A) \tag{A.2}$$

スカラー量 A に作用して，ベクトルである勾配(傾き) $\operatorname{grad} A$ を作る．

- 発散(divergence)

$$\operatorname{div} \mathbf{u} = \frac{\partial u_k}{\partial x_k} = u_{k,k} \quad (= \nabla \cdot \mathbf{u}) \tag{A.3}$$

ベクトル場 $\mathbf{u}$ に作用して，スカラー量である発散 $\operatorname{div} \mathbf{u}$ を作る．

- 回転(rotation, curl)

$$\operatorname{rot} \mathbf{u} = \varepsilon_{ijk} \frac{\partial u_k}{\partial x_j} \mathbf{i}_i = \varepsilon_{ijk} u_{k,j} \mathbf{i}_i \quad (= \nabla \times \mathbf{u}) \tag{A.4}$$

ベクトル場 $\mathbf{u}$ に作用して，ベクトルである回転 $\operatorname{rot} \mathbf{u}$ を作る．ここで，ε_{ijk} は置換テンソルを表す．$\operatorname{rot} \mathbf{u}$ の3つの成分は，順に

$$\left(\frac{\partial u_3}{\partial x_2} - \frac{\partial u_2}{\partial x_3}\right), \quad \left(\frac{\partial u_1}{\partial x_3} - \frac{\partial u_3}{\partial x_1}\right), \quad \left(\frac{\partial u_2}{\partial x_1} - \frac{\partial u_1}{\partial x_2}\right)$$

である．

- ラプラス演算子 Δ(ラプラシアン，Laplacian)

$$\begin{aligned}\Delta A &= \operatorname{div} \operatorname{grad} A = \frac{\partial^2 A}{\partial x_i \partial x_i} = A_{,ii} \\ &= \frac{\partial^2 A}{\partial x_1{}^2} + \frac{\partial^2 A}{\partial x_2{}^2} + \frac{\partial^2 A}{\partial x_3{}^2} \quad (= \nabla^2 A)\end{aligned} \tag{A.5}$$

スカラー量あるいはベクトルの成分に作用する2階の微分演算子であり，スカラー量 $\operatorname{div} \operatorname{grad} A$ を作る．

以上は直交座標系での表現である．これに対して，円柱座標 (r, θ, z) は，$x = r\cos\theta$，$y = r\sin\theta$，$z = z$ とそれぞれ定義される．また，球座標 (r, θ, ϕ) は，$x = r\sin\theta\cos\phi$，$y = r\sin\theta\sin\phi$，$z = r\cos\theta$ と定義される．これらの座標系でのラプラス演算子はつぎのように表される．

円柱座標 $\quad \Delta A = \dfrac{\partial^2 A}{\partial r^2} + \dfrac{1}{r}\dfrac{\partial A}{\partial r} + \dfrac{1}{r^2}\dfrac{\partial^2 A}{\partial \theta^2} + \dfrac{\partial^2 A}{\partial z^2} \tag{A.6}$

球座標 $\quad \Delta A = \dfrac{1}{r^2}\dfrac{\partial}{\partial r}\left(r^2 \dfrac{\partial A}{\partial r}\right) + \dfrac{1}{r^2 \sin\theta}\dfrac{\partial}{\partial \theta}\left(\sin\theta \dfrac{\partial A}{\partial \theta}\right)$
$\qquad\qquad + \dfrac{1}{r^2 \sin^2\theta}\dfrac{\partial^2 A}{\partial \phi^2} \tag{A.7}$

A.2 テイラー展開

なめらかな関数 $f(x)$ を $(x-a)$ のベキ級数

$$f(x) = f(a) + \frac{f'(a)}{1!}(x-a) + \frac{f''(a)}{2!}(x-a)^2 + \cdots \tag{A.8}$$

で表すことができるとき，これを点 $x=a$ における $f(x)$ のテイラー(Taylor)展開という．$|x-a|$ が十分小さいときは，高次の項を無視できるので有用な近似式が得られる．たとえば，$|x| \ll 1$ に対する

$$(1+x)^n = 1 + nx + \frac{1}{2}n(n-1)x^2 + \cdots \tag{A.9}$$

である．

テイラー展開は，オイラー(Euler)の公式

$$e^{ix} = \cos x + i \sin x \tag{A.10}$$

を導くとき，とりわけ有効である．つまり，$\cos x$ と $\sin x$ を $x=0$ のまわりでテイラー展開すれば

$$\begin{aligned} \cos x &= 1 - \frac{x^2}{2!} + \frac{x^4}{4!} - \cdots \\ \sin x &= x - \frac{x^3}{3!} + \frac{x^5}{5!} - \cdots \end{aligned} \tag{A.11}$$

であるが，後者に i を乗じて両式を辺々加えあわせると

$$\begin{aligned} \cos x + i \sin x &= 1 + ix - \frac{x^2}{2!} - i\frac{x^3}{3!} + \frac{x^4}{4!} - i\frac{x^5}{5!} + \cdots \\ &= 1 + ix + \frac{(ix)^2}{2!} + \frac{(ix)^3}{3!} + \frac{(ix)^4}{4!} + \frac{(ix)^5}{5!} + \cdots \end{aligned}$$

になる．一方，e^x の方は

$$e^x = 1 + x + \frac{x^2}{2!} + \frac{x^3}{3!} + \frac{x^4}{4!} + \frac{x^5}{5!} + \cdots \tag{A.12}$$

と展開できるので，x を ix で置き換えれば，式(A.10)の公式が得られる．

A.3 非線型振動と楕円積分

減衰が無視できるとき,復元力が変位に比例する自由度1の振動はすべて単振動である.比例しない場合が非線型振動であるが,線型応答からのずれはさまざまであり統一的な議論は難しい.しかし,その周期は第1種完全楕円積分で表現できることを,有限振幅の単振り子と演習問題2.4の場合を例に取り上げて示す.

例題2.1で見たように,単振り子の全エネルギーは,一般に式(2.13)の近似する前の式

$$K+U = \frac{1}{2}ml^2\left(\frac{d\theta}{dt}\right)^2 + mgl(1-\cos\theta) = E \tag{A.13}$$

である.ここで,図A.1のように $d\theta/dt=0$ となるときの最大振れ角を Θ とすると,$mgl(1-\cos\Theta)=E$ であるので,上式の E に代入し,$\cos\theta-\cos\Theta = 2\left(\sin^2\frac{\Theta}{2}-\sin^2\frac{\theta}{2}\right)$ を用いると

$$\frac{d\theta}{dt} = 2\sqrt{\frac{g}{l}}\sqrt{k^2-\sin^2\frac{\theta}{2}} \tag{A.14}$$

が得られる.$k=\sin\frac{\Theta}{2}$ とした.さらに,新たな変数 ϕ を使って $\sin\frac{\theta}{2}=k\sin\phi$ とすると,式(A.14)は

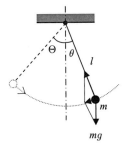

図 A.1 有限振幅の単振り子.

A.3 非線型振動と楕円積分

$$d\theta = 2k\sqrt{\frac{g}{l}}\cos\phi\, dt \tag{A.15}$$

と書ける．ϕ と θ の間に $d\theta = \dfrac{2k\cos\phi}{\sqrt{1-k^2\sin^2\phi}}d\phi$ の関係が成り立つので，式 (A.15) は，$\dfrac{d\phi}{\sqrt{1-k^2\sin^2\phi}} = \sqrt{\dfrac{g}{l}}dt$ となる．平衡位置 $\theta=\phi=0$ にあるときから時間を測り始めるとすれば，$\displaystyle\int_0^\phi \dfrac{d\phi}{\sqrt{1-k^2\sin^2\phi}} = \sqrt{\dfrac{g}{l}}t$ である．

$\theta=0\to\Theta$ と振動したとき $\phi=0\to\pi/2$ であるが，この運動に要する時間は周期 T の 1/4 に相当するので，

$$T = 4\sqrt{\frac{l}{g}}\int_0^{\pi/2}\frac{d\phi}{\sqrt{1-k^2\sin^2\phi}} = 4\sqrt{\frac{l}{g}}K(k) \tag{A.16}$$

が得られる．この積分 $K(k)=\displaystyle\int_0^{\pi/2}\dfrac{d\phi}{\sqrt{1-k^2\sin^2\phi}}$ を第1種完全楕円積分という．$k=\sin\dfrac{\Theta}{2}$ が小さいときは，被積分関数をテイラー展開して

$$\begin{aligned}K(k) &= \int_0^{\pi/2}\frac{d\phi}{\sqrt{1-k^2\sin\phi}} \\ &\fallingdotseq \int_0^{\pi/2}\left(1+\frac{k^2}{2}\sin^2\phi+\frac{3k^4}{8}\sin^4\phi+\cdots\right)d\phi \\ &= \frac{\pi}{2}\left(1+\frac{k^2}{4}+\frac{9k^4}{64}+\cdots\right)\end{aligned} \tag{A.17}$$

とできる．したがって，無限小振幅のときの周期 $T_0=2\pi\sqrt{g/l}$ との比を Θ で表すと

$$\frac{T}{T_0} = 1+\frac{\Theta^2}{16}+\cdots \tag{A.18}$$

となる．このように単振り子の周期は，一般に振幅 Θ に依存する．小さい振幅では，T_0 との差はその2乗に比例して増加する．

演習問題 2.4 では復元力が変位の3乗に比例する．これを含む一般的な復元力として線型ばねを加えた

$$\frac{d^2x}{dt^2} = -\alpha x - \beta x^3 \tag{A.19}$$

の運動方程式で支配される振動を考えよう．dx/dt をかけて t について積分すると

$$\frac{1}{2}m\left(\frac{dx}{dt}\right)^2 + U(x) = E \tag{A.20}$$

が得られる．$U(x)$ は，ポテンシャルエネルギー $U(x)=\frac{\alpha}{2}x^2+\frac{\beta}{4}x^4$ である．式(A.20)を積分すれば

$$t = \int^x \frac{\sqrt{m}\,dx}{\sqrt{2(E-U(x))}} \tag{A.21}$$

である．被積分関数の $\sqrt{\ }$ の中が正の範囲で振動がおこるが，その振幅の極限値を a とすると，$U(a)=E$ から $a^2=(-\alpha+\sqrt{\alpha^2+4\beta E})/\beta$ と求められる．この a を用いると，$2(E-U(x))=\beta(a^2-x^2)(b^2+x^2)/2$ と変形できる．$b^2=a^2+2\alpha/\beta$ とおいた．上と同じように，$x=-a\cos\phi$ の変数変換を行うと，式(A.21)は

$$t = \int^\phi \frac{\sqrt{m}\,d\phi}{\sqrt{\beta(b^2+a^2-a^2\sin^2\phi)/2}} = \frac{\sqrt{m}}{\sqrt{\alpha+\beta a^2}}\int^\phi \frac{d\phi}{\sqrt{1-k^2\sin^2\phi}}$$

となる．ただし，$k^2=\dfrac{\beta a^2}{2(\alpha+\beta a^2)}$ である．x の変域 $(0,a)$ は ϕ の変域 $(\pi/2,\pi)$ に対応するので，周期は，

$$T = \frac{4\sqrt{m}}{\sqrt{\alpha+\beta a^2}}K(k) \tag{A.22}$$

で与えられることになる．線型ばねのときは $\beta=0$ とおけばよい．$K(0)=\pi/2$ であるので，よく知られた $T=2\pi\sqrt{m/\alpha}$ になる．一方，演習問題 2.4 の場合は $\alpha=0$ である．このときは，式(A.17)で得られる $K(0.5)\fallingdotseq 17\pi/32$ と $a^2=2\sqrt{E/\beta}$ を使って $T=\dfrac{17\pi}{8}\sqrt{\dfrac{m}{\beta a^2}}=\dfrac{17\pi}{8}\sqrt{\dfrac{m}{2\sqrt{\beta E}}}$ となる．わずかなエネルギー E で振動する場合に周期が非常に大きいという特異な振る舞いである．

A.4 ベッセル関数

円柱座標を用いて解析される物理や工学の諸問題の多くは，

$$\frac{d^2 u}{dr^2} + \frac{1}{r}\frac{du}{dr} + \left(1 - \frac{n^2}{r^2}\right)u = 0 \tag{A.23}$$

で表されるベッセルの微分方程式を解くことに帰着する．その基本解，$J_n(r)$ と $Y_n(r)$，を第1種ベッセル関数(Bessel function)，第2種ベッセル関数という．$J_n(r)$ はすべての r に対して有限であるが，$Y_n(r)$ は $r \to 0$ において $-\infty$ に発散する(図 A.2)．円形膜の固有振動数を求めるときなどに必要となる $J_n(r)$ の零点は，$n \neq 0$ の場合の $r=0$ 以外は数値的に求めるしかない．また，これらの導関数は

$$rJ'_n(r) = nJ_n(r) - rJ_{n+1}(r) = -nJ_n(r) + rJ_{n-1}(r) \tag{A.24}$$

などの漸化式によって導くことができる．

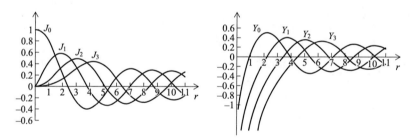

図 A.2 整数次のベッセル関数 $J_n(r)$, $Y_n(r)$.

付録 B

弾性力学の基礎式

　固体の力学を1次元に単純化したのが材料力学であるが，それではごく限られた範囲の弾性波動しか扱うことができないため，弾性力学に立ち返る必要がある．応力とひずみが3次元の空間で分布する規範を与えるのが弾性力学であり，その骨子は，力のつりあいと，それぞれ6つの成分を持つ応力とひずみを結びつける一般化されたフックの法則である．弾性波動を議論する出発点としてこれらを押さえておこう．

B.1　応力とひずみ

　外力を受けて弾性変形している物体には応力が存在する．その内部の面をはさんだ両側が互いに及ぼしあっている力を面積で割った値を応力という．単位面積あたりの力の次元をもつので圧力と同じ単位である．圧力は面に垂直に働くが，応力は面に平行な成分(せん断成分)も持っている．物体内の1点を通るある面に垂直な方向に x 軸を，その面内に互いに直交する y 軸と z 軸をとって考えると，一般にこの面には垂直応力 σ_{xx} と2つのせん断応力 σ_{xy} と σ_{xz} がある．前の添え字は面が向いている方向を，後ろの添え字は力が作用している方向を示している．同じ点を通る y 軸と z 軸の方向を向いた面にも同様に3つの成分が存在するので，応力を表現するにはひとつの点について合計9個の成分が必要であることがわかる．

　応力状態が均一であれば，xy 面内では図 B.1 のように，微小直方体の相対する各面に同じ大きさで方向が逆の垂直応力 σ_{xx} と σ_{yy} がはたらいて，それぞれつりあっている．引張りの垂直応力を正値で，圧縮を負値で表す．せん断応力も同様に各方向の力はつりあっている．さらに，σ_{xy} と σ_{yx} は互いに大きさが等しくなければ z 軸周りに微小直方体の回転が生じることになるが，そ

B.1 応力とひずみ

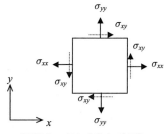

図 B.1 応力成分(2次元).

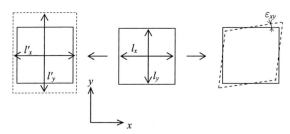

図 B.2 垂直ひずみとせん断ひずみ.

のようなことは起こりえないので，$\sigma_{xy}=\sigma_{yx}$ でなければならない．これを，せん断応力の直交共存という．このため，応力は，物体内の各点ごとに9個ではなく6個の成分で表現されることになる．

一方，弾性体の変形状態を表現するのがひずみである．ひずみにも2種類あり，ひとつは伸縮に対応する垂直ひずみ，他方は角度の変化を表わすせん断ひずみである．微小な長方形の x 軸，y 軸に沿う辺の長さ l_x，l_y が，図 B.2 の左図のように変形後にそれぞれ l'_x，l'_y に変化したとき，x，y 方向の垂直ひずみは

$$\varepsilon_{xx} = \frac{l'_x - l_x}{l_x}, \qquad \varepsilon_{yy} = \frac{l'_y - l_y}{l_y}$$

になる．伸縮量ともとの長さとの比である．また，右図のように純粋なせん断変形を受ける場合は対角線方向に伸びと縮みが生じる．このときの角度変化がせん断ひずみ ε_{xy} である．

3次元の領域で，変形に伴う材料内の点の変位ベクトルが $\mathbf{u}=(u_1, u_2, u_3)$ で

あれば，ひずみ ε_{ij} は

$$\varepsilon_{ij} = \frac{1}{2}\left(\frac{\partial u_i}{\partial x_j}+\frac{\partial u_j}{\partial x_i}\right) \tag{B.1}$$

であり，一般に 6 個の成分を持つ．応力と同様に(異なる理由で)対称であり，$\varepsilon_{ij}=\varepsilon_{ji}$ が成り立つ．

B.2 平衡方程式

弾性体内に応力 $\sigma_{ij}(=\sigma_{ji})$ が不均一に分布する場合，ニュートンの第 2 法則からその分布を支配している平衡方程式(つりあいの式)を導くことができる．

簡単のため，2 次元の場で微小長方形の各辺に働く力を考えることにする．各辺の長さは dx, dy である．図 B.3 に示すような種々の応力が作用している．一般に応力は分布しているが，ここでは各成分をテイラー展開し，その第 1 項までを考慮している．また，単位体積あたりの体積力(慣性力，遠心力など)を f_x と f_y とすれば，x 方向に働く力のつりあいは次のように書ける(紙面に垂直方向の厚さを 1 とする):

$$\left(\sigma_{xx}+\frac{\partial \sigma_{xx}}{\partial x}dx\right)dy - \sigma_{xx}dy + \left(\sigma_{xy}+\frac{\partial \sigma_{xy}}{\partial y}dy\right)dx - \sigma_{xy}dx + f_x dxdy = 0$$

すなわち，

$$\left(\frac{\partial \sigma_{xx}}{\partial x}+\frac{\partial \sigma_{xy}}{\partial y}+f_x\right)dxdy = 0 \tag{B.2}$$

である．同様にして y 方向のつり合いからは

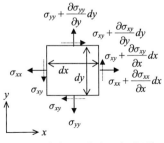

図 B.3 応力のつりあい(2 次元)．

$$\left(\frac{\partial \sigma_{xy}}{\partial x}+\frac{\partial \sigma_{yy}}{\partial y}+f_y\right)dxdy=0 \tag{B.3}$$

が導かれる．一般に (x,y,z) の 3 次元領域では

$$\begin{aligned}\frac{\partial \sigma_{xx}}{\partial x}+\frac{\partial \sigma_{xy}}{\partial y}+\frac{\partial \sigma_{xz}}{\partial z}+f_x=0\\ \frac{\partial \sigma_{xy}}{\partial x}+\frac{\partial \sigma_{yy}}{\partial y}+\frac{\partial \sigma_{yz}}{\partial z}+f_y=0\\ \frac{\partial \sigma_{xz}}{\partial x}+\frac{\partial \sigma_{yz}}{\partial y}+\frac{\partial \sigma_{zz}}{\partial z}+f_z=0\end{aligned} \tag{B.4}$$

となり，これに総和規約を用いれば

$$\frac{\partial \sigma_{ij}}{\partial x_j}+f_i=0 \tag{B.5}$$

となる．平衡方程式（つりあいの式）であり，f_i として慣性力のみを考えればよいときは

$$\rho\frac{\partial^2 u_i}{\partial t^2}=\frac{\partial \sigma_{ij}}{\partial x_j} \tag{B.6}$$

となる．これは，弾性体の運動方程式である．

B.3　一般化されたフックの法則

応力 σ_{ij} とひずみ ε_{ij} が互いに比例関係にあることを，一般化されたフックの法則という[*1]．1 組の添え字を，

$$\begin{pmatrix}11 & 12 & 13\\ & 22 & 23\\ & & 33\end{pmatrix}\rightarrow\begin{pmatrix}1 & 6 & 5\\ & 2 & 4\\ & & 3\end{pmatrix}$$

によって 1〜6 の 1 つの添え字に対応させる簡易表現を使えば，応力とひずみはそれぞれ 6 成分のベクトルとして表現でき，両者の比例関係は

[*1] 2 章で考えた線型ばねのように，力と変位が比例することは，単にフックの法則という．

$$\begin{pmatrix}\sigma_1\\\sigma_2\\\sigma_3\\\sigma_4\\\sigma_5\\\sigma_6\end{pmatrix}=\begin{pmatrix}C_{11}&C_{12}&C_{13}&C_{14}&C_{15}&C_{16}\\C_{21}&C_{22}&C_{23}&C_{24}&C_{25}&C_{26}\\C_{31}&C_{32}&C_{33}&C_{34}&C_{35}&C_{36}\\C_{41}&C_{42}&C_{43}&C_{44}&C_{45}&C_{46}\\C_{51}&C_{52}&C_{53}&C_{54}&C_{55}&C_{56}\\C_{61}&C_{62}&C_{63}&C_{64}&C_{65}&C_{66}\end{pmatrix}\begin{pmatrix}\varepsilon_1\\\varepsilon_2\\\varepsilon_3\\\varepsilon_4\\\varepsilon_5\\\varepsilon_6\end{pmatrix} \quad (B.7)$$

と表現できる．比例定数の C_{ij} が弾性定数である．この形式から C_{ij} には36個の成分があるように見えるが，21個を越す弾性定数をもつ結晶は存在しないことが証明できる．さらに，結晶の対称性を反映すると，独立な弾性定数の個数は逐次減っていく．たとえば，斜方晶系結晶で9つ，六方晶系結晶では5つ，立方晶系結晶では3つである．等方体とみなせる場合は独立な弾性定数は2個に減じる．それらをラメの定数 (λ,μ) で表せば，応力 σ_{ij} とひずみ ε_{ij} は

$$\begin{aligned}\sigma_{ij}&=\lambda\varepsilon_{kk}\delta_{ij}+2\mu\varepsilon_{ij}\\\varepsilon_{ij}&=\frac{1}{2\mu}\sigma_{ij}-\frac{\lambda}{2\mu(3\lambda+2\mu)}\sigma_{kk}\delta_{ij}\end{aligned} \quad (B.8)$$

によって結びつけられる．δ_{ij} はクロネッカーのデルタで，$\delta_{ij}=1(i=j)$，$\delta_{ij}=0(i\neq j)$ である．工学的な諸問題を扱う場合によく用いる弾性定数と (λ,μ) との関係は以下のとおりである：

$$\begin{aligned}\text{体積弾性率}:K&=\lambda+\frac{2}{3}\mu=\frac{E}{3(1-2\nu)}=\frac{\mu E}{3(3\mu-E)}\\\text{ヤング率}:\quad E&=\frac{\mu(3\lambda+2\mu)}{\lambda+\mu}=\frac{9\mu K}{3K+\mu}=2(1+\nu)\mu\\\text{ポアソン比}:\nu&=\frac{\lambda}{2(\lambda+\mu)}=\frac{3K-2\mu}{2(3K+\mu)}\end{aligned} \quad (B.9)$$

ここで，$K>0$ であるためには $E\leqq 3\mu$，$\nu\leqq\frac{1}{2}$ でなければならないことがわかる．

付録 C

流体力学の基礎式

粘性と熱伝導が無視できる完全流体の運動を記述する基礎式を，簡単のために 1 次元流れについて導く．扱う物理量は，圧力 p，流速 u，密度 ρ である．諸量の変化は x 方向だけに生じ，これに垂直な方向には一様とする．さらに，理想気体の状態方程式，速度ポテンシャル，そしてベルヌーイの定理についても，それらの物理的な背景を確認しておく．

C.1 連続の式（質量の保存）

一定の断面積 A のパイプ（図 C.1，側面を流線で囲まれた筒状の領域としてもよい）の長さ Δx の微小区間における全質量は $\rho A \Delta x$ である．これが増加したとすれば，それは区間への質量の流入と流出の差がもたらしたものである．x 方向の流速が u であれば，単位時間あたりに流入する質量は $\rho u A$，流出する質量は $\rho u A + \frac{\partial}{\partial x}(\rho u A)\Delta x$ であるから正味の増加量は $-\frac{\partial}{\partial x}(\rho u A)\Delta x$ である．これを単位時間あたりに増加する割合 $\frac{\partial}{\partial t}(\rho A \Delta x)$ に等しいとおけば

$$\frac{\partial}{\partial t}(\rho A \Delta x) = -\frac{\partial}{\partial x}(\rho u A)\Delta x$$

となる．すなわち，質量保存を表す連続の式として

$$\frac{\partial \rho}{\partial t} + \frac{\partial}{\partial x}(\rho u) = 0 \tag{C.1}$$

が得られる．

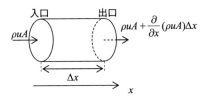

図 C.1 質量の保存.

C.2 運動方程式(運動量の保存)

この区間の流体に働く x 方向の力は，x および $x+\Delta x$ の位置にある2つの断面に働く圧力差であるから，$-\dfrac{\partial}{\partial x}(pA)\Delta x$ である(図 C.2)．一方，この部分の質量は $\rho A\Delta x$ であり，加速度は非定常項と移動(convection)にともなう項の和で表されるので，ニュートンの第2法則「質量×加速度=力」から

$$\rho A\Delta x\left(\frac{\partial u}{\partial t}+u\frac{\partial u}{\partial x}\right)=-\frac{\partial}{\partial x}(pA)\Delta x$$

したがって，断面積 A が一定であれば運動方程式は

$$\frac{\partial u}{\partial t}+u\frac{\partial u}{\partial x}=-\frac{1}{\rho}\frac{\partial p}{\partial x} \tag{C.2}$$

となる．左辺第2項は，微小な変動の場合は無視できる(線型近似)．

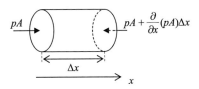

図 C.2 運動量の保存.

C.3 理想気体の状態方程式

理想気体の状態方程式は何を表現しているのか，気体の温度とは何か，比熱比 γ がなぜ気体の種類(単原子，多原子)に依存するのか，を考えよう．

絶対零度でない限り，全ての物質の原子・分子は熱振動している．気相の分子は最も激しく振動し，互いの束縛から離脱して自由に空間を飛び回っていると考えてよいだろう．これらの気体分子が，容器の壁に与える力の総和が圧力として観測される．m を1分子の質量，$\mathbf{r}$ をその位置ベクトル，$\mathbf{F}$ を分子に働く力とする．$\mathbf{F}$ には壁および他の分子との衝突から受ける力が含まれる．

理想気体の仮定は，希薄・低圧の不活性ガスについて成り立つ．気体分子を質点と見なすときの1分子の運動方程式

$$m\frac{d^2\mathbf{r}}{dt^2} = \mathbf{F} \tag{C.3}$$

と $\mathbf{r}$ との内積をとると

$$m\mathbf{r}\cdot\frac{d^2\mathbf{r}}{dt^2} = m\frac{d}{dt}(\mathbf{r}\cdot\frac{d\mathbf{r}}{dt}) - m\left|\frac{d\mathbf{r}}{dt}\right|^2 = \mathbf{F}\cdot\mathbf{r}$$

となる．この方程式がすべての分子に成り立つとする．これらの方程式を作って，集団平均をとると，

$$m\frac{d}{dt}(\overline{\mathbf{r}\cdot\mathbf{v}}) - m\overline{v^2} = \overline{\mathbf{F}\cdot\mathbf{r}} \tag{C.4}$$

である．速度ベクトル $\mathbf{v}=d\mathbf{r}/dt$ とおいた．また，平均を $\overline{}$ で表わし，時間に関する微分と全分子にわたる平均との順序を交換した．ここで，熱的平衡，つまり巨視的に定常な系を仮定すれば，全ての平均値は時間に依存しない．よって，第1項は消えて，$-m\overline{v^2}=\overline{\mathbf{F}\cdot\mathbf{r}}$ になる．十分大きい個数，十分長い時間の場合に成り立つエルゴード性(例えば，1つのサイコロを1000回投げるのと，1000個のサイコロを1回投げるのとでは出る目の平均は等しいだろうと期待できること)を考えると，$-m\overline{v^2}$ は1分子の運動エネルギーを長時間にわたって平均した値の2倍，$\overline{\mathbf{F}\cdot\mathbf{r}}$ は1分子に働く力と位置ベクトルとの内積の時間平均になる．

ここで,体積 V,半径 a の球形容器に閉じこめられた気体に上の関係を適用してみる.原点をその中心にとる. $\mathbf{F}$ のうち,分子相互間の力については,任意の位置におけるその方向と大きさが不規則に絶え間なく変化しているので,$\overline{\mathbf{F}\cdot\mathbf{r}}$ への寄与は零としてよい.したがって,容器の内壁から受ける力だけを考える.分子の総数を N とすると,$Nm\overline{v}^2 = -N\overline{\mathbf{F}\cdot\mathbf{r}}$ である.気体分子が壁から受ける力の方向は半径方向内向き,その大きさは圧力 p に総面積をかけたものに等しい.よって,$Nm\overline{v}^2 = (p\cdot 4\pi a^2)\cdot a = 3pV$ であるので,

$$p = \frac{Nm}{3V}\overline{v}^2 = \frac{1}{3}\rho\overline{v}^2 \tag{C.5}$$

が成り立つ.気体1モルの質量 M を用いて $\dfrac{RT}{M} = \dfrac{1}{3}\overline{v}^2$ とすれば理想気体の状態方程式 $pV = nRT$ に一致する(n:モル数).また,単位質量あたりの平均の並進運動エネルギーは $\dfrac{1}{2}\overline{v}^2 = e_T$ であるので,

$$\frac{p}{\rho} = \frac{RT}{M} = \frac{2}{3}e_T \tag{C.6}$$

となる.以上の関係から,温度は気体の並進運動エネルギーに結びつき,熱運動の活発さを表していることがわかる.$\overline{v} = \sqrt{3RT/M}$ を平均熱速度ともよぶ.

今,気体分子を質点と仮定しているので,並進以外にエネルギーを受けもつ自由度がなく,e_T は単位質量あたりの全エネルギーであり,内部エネルギー e に等しい.つまり,

$$e = e_T = \frac{3}{2}RT \tag{C.7}$$

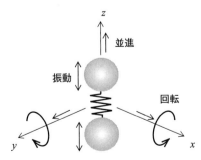

図 C.3 2原子気体分子の並進,回転,振動のエネルギー.

である．内部エネルギーの変化量は，熱力学の第1法則から $de=dq-pdV$ であるから，定積比熱 c_v は

$$c_v = \left.\frac{dq}{dT}\right|_V = \frac{de}{dT} = \frac{3}{2}R \tag{C.8}$$

であり，比熱比 γ として

$$\gamma = \frac{c_p}{c_v} = \frac{R+c_v}{c_v} = \frac{5}{3} \tag{C.9}$$

が得られる．この比熱比の値は，不活性気体(He, Ne, Ar, …)のかなり広い温度範囲にわたる実験結果と一致する．

多原子気体では，内部エネルギーは圧力を作る並進運動以外に分子の回転と振動にも配分されるため(図C.3)，それらのエネルギーを e_{rot}, e_{vib} とすれば，単位質量あたり $e=\frac{3}{2}RT+e_{rot}+e_{vib}+\cdots$ である．エネルギー等配分の法則に従えば，たとえば2原子気体については $e=\frac{3}{2}RT+\frac{1}{2}RT+\frac{1}{2}RT=\frac{5}{2}RT$ であるので，$c_v=\frac{5R}{2}$ および $\gamma=\frac{7}{5}=1.4$ となる．

C.4　渦なし流れについて

2次元の流れ場において z 軸周りに角速度 Ω で回転している流体中の1点 (x,y) を考える(図C.4)．(x,y) 方向の速度成分を (u,v) で表せば，周方向の速度が $V_\theta(r)=r\Omega$ であることから

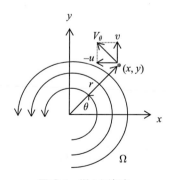

図C.4　渦と回転角．

$$u = -V_\theta \sin\theta = -r\Omega \sin\theta$$
$$v = V_\theta \cos\theta = r\Omega \cos\theta \tag{C.10}$$

である．ここで，rot **v** の z 成分を計算すると

$$\mathrm{rot}\,\mathbf{v}|_z = \frac{\partial v}{\partial x} - \frac{\partial u}{\partial y} = \left(\frac{\partial r}{\partial x}\cos\theta + \frac{\partial r}{\partial y}\sin\theta\right)\Omega = 2\Omega$$

となり，rot **v** の z 成分は回転角速度 Ω の 2 倍に等しいことがわかる．渦なし流れであれば，当然

$$\Omega = \frac{1}{2}\left(\frac{\partial v}{\partial x} - \frac{\partial u}{\partial y}\right) = 0 \tag{C.11}$$

であり，このとき，微分可能な任意関数 $\Phi(x,y)$ に対して

$$u = \frac{\partial \Phi}{\partial x}, \qquad v = \frac{\partial \Phi}{\partial y} \tag{C.12}$$

とすれば，流れ場はこの関数 Φ によって表現される．この関数を速度ポテンシャルとよぶ．

C.5 拡張されたベルヌーイの定理

運動方程式(C.2)を 2 次元流れに拡張する．鉛直方向に y 軸をとり重力加速度 g を考慮すると，運動方程式は

$$\begin{aligned}\frac{\partial u}{\partial t} + u\frac{\partial u}{\partial x} + v\frac{\partial u}{\partial y} &= -\frac{1}{\rho}\frac{\partial p}{\partial x} \\ \frac{\partial v}{\partial t} + u\frac{\partial v}{\partial x} + v\frac{\partial v}{\partial y} &= -\frac{1}{\rho}\frac{\partial p}{\partial y} - g\end{aligned} \tag{C.13}$$

となる．これに，渦なし流れの条件(式(C.11))を左辺第 2・3 項に用いると

$$\begin{aligned}\frac{\partial u}{\partial t} + \frac{\partial}{\partial x}\left(\frac{u^2+v^2}{2}\right) &= -\frac{1}{\rho}\frac{\partial p}{\partial x} \\ \frac{\partial v}{\partial t} + \frac{\partial}{\partial y}\left(\frac{u^2+v^2}{2}\right) &= -\frac{1}{\rho}\frac{\partial p}{\partial y} - g\end{aligned} \tag{C.14}$$

であり，ここに式(C.12)の速度ポテンシャルを用い，さらに非圧縮性($\rho=$一

定)を仮定すると

$$\frac{\partial}{\partial x}\left(\frac{\partial \Phi}{\partial t}+\frac{u^2+v^2}{2}+\frac{p}{\rho}\right)=0$$
$$\frac{\partial}{\partial y}\left(\frac{\partial \Phi}{\partial t}+\frac{u^2+v^2}{2}+\frac{p}{\rho}+gy\right)=0 \tag{C.15}$$

のように表せる．最後に，両式の積分から，$F(t)$ を任意関数として，拡張されたベルヌーイ(Bernoulli)の定理が導かれる：

$$\frac{\partial \Phi}{\partial t}+\frac{1}{2}|\mathbf{v}|^2+\frac{p}{\rho}+gy=F(t) \tag{C.16}$$

主な参考図書

- 『バークレー物理学コース 3 波動(上・下)』Frank S. Crawford, Jr.／高橋秀俊監訳，丸善(1973)．
- 『ファインマン物理学 II 光・熱・波動』ファインマン(R. P. Feynman)・レイトン(R. B. Leighton)・サンズ(M. Sands)／富山小太郎訳，岩波書店(1968)．
- 『楽器の物理学』N. H. フレッチャー(N. H. Fletcher)・T. D. ロッシング(T. D. Rossing)／岸憲史・久保田秀美・吉川茂訳，丸善出版(2002)．
- 『振動論』坪井忠二，現代工学社(1976)．
- 『新物理学シリーズ 3 振動論』戸田盛和，培風館(1968)．
- 『MIT 物理 振動・波動』A. P. フレンチ(A. P. French)／平松惇・安福精一監訳，培風館(1986)．
- 『講談社基礎物理学シリーズ 2 振動・波動』長谷川修司，講談社(2009)．
- 『物理テキストシリーズ 7 振動と波動』寺沢徳雄，岩波書店(1987)．
- 『機械の力学』吉川孝雄・松井剛一・石井徳章，コロナ社(1987)．
- 『共立物理学講座 7 連続体力学』角谷典彦，共立出版(1969)．
- 『地震波動』本多弘吉，岩波書店(1954)．
- 『岩波講座 地球科学 8 地震の物理』金森博雄編，岩波書店(1978)．
- 『弾性波動論』佐藤泰夫，岩波書店(1978)．
- 『地震の科学』パリティ編集委員会編，丸善(1996)．
- 『工学基礎講座 7 弾性力学』小林繁夫・近藤恭平，培風館(1987)．
- 『材料力学序論』平尾雅彦，培風館(2000)．
- 『流體力學』友近晋，共立社(1940)．
- 『流体力学』今井功，岩波書店(1970)．
- 『物理学叢書 15 気体力学』リープマン(H. W. Liepmann)・ロシュコ(A. Roshko)／玉田珖訳，吉岡書店(1960)．
- 『海の波』V. コーニッシュ(V. Cornish)／日高孝次訳，中央公論社(1975)．
- 『海の波を見る－誕生から消滅まで』光易恒，岩波書店(2007)．
- 『ハワイの波は南極から－海の波の不思議』永田豊，丸善(1990)．
- 『海洋学』ポール・R. ピネ(Paul R. Pinet)／東京大学海洋研究所監訳，東海大学出版会(2010)．
- *The Theory of Sound* (2nd edition, Volumes 1 and 2), J. W. S. Rayleigh, Dover Publications (1945).
- *Stress Waves in Solids*, H. Kolsky, Dover Publications (1963).

主な参考図書

- *Wave Propagation in Elastic Solids*, J. D. Achenbach, North-Holland Publishing (1973).
- *Fundamentals of Acoustics* (4th edition), L. E. Kinsler, A. R. Frey, A. B. Coppens, and J. V. Sanders, John Wiley & Sons, Inc. (2000).
- *The Physics of Vibrations and Waves* (5th edition), H. J. Pain, John Wiley & Sons, Inc. (1999).
- *Waves in Fluids*, J. Lighthill, Cambridge University Press (1978).
- *Wave Motion*, J. Billingham and A. C. King, Cambridge University Press (2000).
- *Quantitative Seismology: Theory and Methods*, K. Aki and P. G. Richards, W. H. Freeman and Company (1980).
- 「楽器解体全書 PLUS」ヤマハ株式会社　http://www.yamaha.co.jp/plus/
- 「地震の基礎知識」防災科学技術研究所
  http://www.hinet.bosai.go.jp/about_earthquake/part1.html

索　引

英　字

P 波　101
QCM（水晶微小天秤）　131
Q 値　22
SAW デバイス　97
SH 波　106
SV 波　106
S 波　101
TMD　42
X 線　6

あ　行

アコースティック・エミッション　97
圧縮性　77
有明海　146
アルキメデスの原理　39
位相　3, 4
　——遅れ　21
　——速度　3, 8, 149, 153, 157
板厚共振　104
板波　107
インピーダンス　45, 51
　——整合　56
　音響——　52, 76, 110
ウォーターハンマー　86
薄板　128
渦潮　170
渦なし流れ　191
うなり　159
うねり　138
運動エネルギー　12
運動方程式　74, 185, 188
運動量原理　37
液面揺動　143

エネルギー
　——吸収　23
　——スペクトル　137
　——の散逸　19, 90
エバネッセント波　83, 111
円柱座標　176
円筒波　8, 51, 93
オイラーの公式　177
応力　99, 182
　——波　124
オクターブ　61
音圧　75
音階　61
音叉　86
温室効果ガス　33
音速　75, 90
音波　73
　——の方程式　75
　——物性　97

か　行

外耳道　94
回転　176
角振動数　4, 7
風波　138
可聴音圧　75
ガリレオ　12
干渉　4, 162
慣性力　10
完全流体　138
基音　61
幾何学的減衰　4, 8, 51
基準関数　61
基準振動　28
基準モード　28, 61

ギター　46, 66
気体定数　76
気柱　63, 94
起潮力　145
基本モード　61
球形空洞　92
球座標　176
球面波　3, 8, 93
共振　23, 81, 145
　──曲線　23, 146
　──周波数　61
強制振動　20, 146
共鳴　23
曲率　66, 153
キルヒホッフ　109, 129
口笛　85
屈折　106
　──率　52, 112, 156
クラドニ　129
群速度　8, 158, 166
結晶　36, 186
　──格子　6
ケルビンのクサビ　168
弦　46
原子間ポテンシャル　36
減衰係数　18
減衰振動　17
剛性率　119, 126
航跡波　166
構造色　6
光速　102
後退波　2
剛体振り子　15
高調波　61
勾配　175
固有(角)振動数　12, 28, 129, 144
固有振動　61

さ　行

さざなみ　138, 153
三角関数の直交性　64
仕事　23, 49, 165
地震計　24

地震波形　98, 114
地震波トモグラフィー　97
実体波　102
時報　86
遮音　60
遮断周波数　36, 83, 122
周期　7, 11
自由度　28
周波数　7, 11
自由表面　122
重力波　137, 168
主応力　104
純音　86, 158
衝撃波　91
状態方程式　74, 189
初期位相　7
蜃気楼　112
進行波　7
深水波　147, 152
振動数　7, 11
振幅　7
　──スペクトル　85
水琴窟　93
水撃現象　86
吹送距離　172
水素結合　77
水中音波　87
スカラーポテンシャル　126
スネルの法則　108, 131
スマトラ沖地震　118
スロッシング　143
正弦波　3
静振　15, 143
節　7, 61, 129
線型近似　14, 47, 75, 139
線型ばね　10
前進波　2
浅水波　152
線スペクトル　158
せん断応力
　──の直交共存　183
　共役な──　104
全反射　111

造波抵抗　169
総和規約　175
速度ポテンシャル　143, 192
疎密波　73

　　　　た 行

太鼓　69
体積弾性率　76, 84, 186
体積波　98, 102, 118
体積ひずみ　76, 100
体積力　184
台北 101　42
ダイヤモンド単結晶　102
楕円軌道　116, 149
楕円積分　178
多重反射　58
縦波　8, 101
　——速度　101
　丸棒の——　122
単色波　158
単振動　10, 35
　——の式　10
弾性定数　186
弾性波　97
断熱変化　74, 77
単振り子　13
置換テンソル　176
地球温暖化　34
超音波　97, 111
　——センサ　113, 124
　——モータ　117
聴覚　94
潮汐　138, 145, 170
長波長近似　139, 152
張力　46, 66, 127
調和振動　11, 13
調和波　3
　——解　34
調和ポテンシャル　13
直方体空洞　92
チリ地震　142
津波　138, 142
つりあいの式　184

定在波　7, 61, 103, 151
低速度層　113, 118
テイラー展開　177
ティンパニ　70
デシベル　75
寺田寅彦　145
等温変化　76
透過　51
　——係数　53, 171
等時性　12, 15
導波管　79, 121, 154, 160

　　　　な 行

内部エネルギー　190
内部摩擦　17
ナブラ　175
波のエネルギー　49, 159, 163
波の突立ち　141
逃げ水　112
二酸化炭素　31
虹　156
二重偶力モデル　105
ニュートン　76
　——の第 2 法則　10, 46, 100
　——リング　6, 55
音色　61
ねじり波　124
熱振動　189
熱力学の第 1 法則　191
野島断層　104

　　　　は 行

バイオリン　70
倍音　61
媒質　37
爆縮　4
波高　140
波数　4, 7
波数ベクトル　7, 67
波束　8, 159
波長　7
発散　175
発震メカニズム　105

索 引

波動方程式　　2, 48, 66, 79, 140
ばね定数　　10, 33
波面　　8, 109
波紋　　154, 172
腹　　7, 61, 129
はり理論　　127
反射　　51, 106
　――係数　　53, 171
　――防止膜　　57
搬送波　　8, 159
半導体パッケージ　　110
万有引力　　40
ピアノ　　127
光ファイバ　　112
ひずみ　　99, 183
非線型効果　　90
非線型振動　　41, 178
比熱比　　74, 191
非破壊検査　　97
微分演算子　　100, 175
非平面波解　　81
非保存系　　17
兵庫県南部地震　　98
表面層　　118
表面張力　　153
　―― -重力波　　157
　――波　　137, 167
表面波　　79, 114, 147, 152
ファラデー　　133
ファンディ湾　　145
フェルマーの原理　　106, 131
付加質量　　130, 134
復元力　　10, 155
複素振幅　　11
フックの法則　　10, 185
　一般化された――　　99, 185
フープストレス　　87
ブラッグの回折条件　　6, 82
フーリエ
　――逆変換　　161
　――展開　　65
　――の原理　　1
　――変換　　20

プリンキピア　　76
分光　　156
分散
　――関係式　　35, 107, 120, 154
　――曲線　　35, 81, 120, 159
　――性　　8, 71, 156
　――性波動　　3, 35, 71, 121, 156
平均自由行程　　77
平均熱速度　　77, 190
平衡方程式　　99, 184
平面波　　3, 8, 100
　――解　　80
ベクトルポテンシャル　　126
ベッセル関数　　181
ベルヌーイの定理　　148, 192
ヘルムホルツ
　――共鳴器　　83
　――方程式　　144
変数分離　　79, 132
ポアソン　　114
　――効果　　101
　――比　　186
ホイヘンスの原理　　108
ボイルの法則　　76
放物線近似　　13
包絡線　　8, 159
保存系　　12
ポテンシャルエネルギー　　12
本多光太郎　　145

ま　行

膜　　66
曲げ剛性　　127
曲げ波　　126, 128
マッハ角　　168
マフラー　　91
マリアナ海溝　　78
マリモ　　171
丸棒　　121
水の波　　137
水分子　　33, 77
耳ツン現象　　91
明治三陸地震　　145

モード　28

　　　や　行

ヤング　5
　——の干渉実験　6
　——率　37, 186
有限振幅音波　89
横波　8, 46, 101
　——速度　102

　　　ら　行

ラブ　114
　——波　98, 118
ラプラス　76
　——演算子　176
　——方程式　147
ラメの定数　100, 186

リコーダ　63
粒子速度　8
臨界角　111
レイリー　12, 110, 127
　——波　98, 114
　——法　12, 17, 132
レマン湖　145
連成振動　26
　——のエネルギー　30
連続スペクトル　161
連続体近似　37
連続の式　187
ローパスフィルター　92

　　　わ　行

ワイングラス　133

■岩波オンデマンドブックス■

音と波の力学

2013年10月30日　第1刷発行
2024年12月10日　オンデマンド版発行

著者　平尾雅彦(ひらお まさひこ)

発行者　坂本政謙

発行所　株式会社 岩波書店
〒101-8002 東京都千代田区一ツ橋2-5-5
電話案内 03-5210-4000
https://www.iwanami.co.jp/

印刷／製本・法令印刷

© Masahiko Hirao 2024
ISBN 978-4-00-731517-6　　Printed in Japan